冷眼看世界

李 磊 著

哈尔滨出版社
HARBIN PUBLISHING HOUSE

图书在版编目（CIP）数据

冷眼看世界 / 李磊著.—哈尔滨：哈尔滨出版社，
2021.10
ISBN 978-7-5484-6311-5

Ⅰ．①冷… Ⅱ．①李… Ⅲ．①人生哲学—通俗读物
Ⅳ．①B821-49

中国版本图书馆CIP数据核字(2021)第208169号

书　　名：**冷眼看世界**
LENGYAN KAN SHIJIE

作　　者：李　磊　著
责任编辑：韩伟锋
责任审校：李　战
封面设计：熊　霖

出版发行：哈尔滨出版社（Harbin Publishing House）
社　　址：哈尔滨市香坊区泰山路82-9号　　邮编：150090
经　　销：全国新华书店
印　　刷：三河市佳星印装有限公司
网　　址：www.hrbcbs.com
E-mail：hrbcbs@yeah.net
编辑版权热线：（0451）87900271　87900272
销售热线：（0451）87900202　87900203

开　　本：880mm×1230mm　1/32　印张：9.5　字数：205千字
版　　次：2021年10月第1版
印　　次：2021年10月第1次印刷
书　　号：ISBN 978-7-5484-6311-5
定　　价：45.00元

凡购本社图书发现印装错误，请与本社印制部联系调换。
服务热线：（0451）87900279

李磊简介

　　毕业于北京大学，中共党员，回族。担任中国管理科学研究院商学院高级研究员，中国政法大学法律硕士学院联合培养法学项目办公室专员，北京树铭控股集团有限公司董事长，创业讲师，中小企业管理培训讲师，心理咨询师。

静心观水流，冷眼看世界，热心过生活。

得之坦然，失之必然，顺其自然。

前　言

热闹中着一冷眼，便省许多苦心思；冷落处存一热心，便得许多真趣味。在景象繁盛活跃中如果能够保持头脑清醒，就会省去许多不必要的麻烦，在处境穷困时如果能保持乐观的态度，就会领略到人生许多的乐趣。

拥有诚实的心，才有明净的眼。人不需要多么高尚，只是诚实厚道，做事做人不要云山雾罩的就可以了；心保持简单自然真诚，就不会被那些烦恼和算计纠缠。

做事要充满热忱，热心不热心或有没有兴趣，都会很自然地在行为上表现出来，没有办法隐瞒。

生活热心、心态积极向上、充满热情的人，对比那些随波逐流、吃饱了混天黑的人，生活会呈现出另一番景象，而人生的际遇也会随之不同。

正如一句话所说："世界本来就是个美丽的存在，她本身就是如此动人、如此令人神往，所以，你自己必须要对她敏感，永远不要让自己感觉迟钝、嗅觉不灵，永远不要让自己失去那份应有的热忱。"

但是越是有热心的人，越是需要冷眼看世界。《菜根谭》里说："冷眼观物，轻动刚肠。"

冷眼观物，热诚有度，太热心往往就会过于主观，反倒惹人反感，好心办了坏事都是有可能的。

冷眼可以使一个人对世界保持清醒的认识，不失主观，不反应过度，不意气用事，一个人面对人生的起起落落，人世的恩恩怨怨，都要冷冷静静，一一化解。

目录

01 一个人到底有多自律，
给他一点自由就知道了

最近过节，很多人和我聊起明年的规划，没想到"不想上班"成了一个重点。

不用问也知道为什么，上班很烦。

每天通勤路上好几个小时，练就十八班武艺，好不容易到了公司，还是挤不上电梯，错过打卡时间。

再遇上个别变态老板，24 小时在线等，简直折磨死人。

于是，越来越多的人开始向往自由的生活，时间全部归自己支配，再就是做自己，用喜欢和擅长的事赚钱。

有些人能做软件外包，有人打算开奶茶店，有人想试试内容电商，还有人能做自由撰稿人或独立设计师。

不求大富大贵，但是只要能与原收入基本持平，都倾向于为自由买单，为自己工作。

前几天同事还跟我念叨，说发现身边越来越多的年轻人开始做自由职业了。

有个朋友，前一阵连续加班，把胃给累坏了，看完病从医院出来，觉得委屈，决定辞职回家。

她分析自己得病的原因，认定是前一阵工作忙给闹的。

吃饭不准时，外卖不健康，身边的同事里猪队友太多，老板的脾气也让人捉摸不透，她本身性子就急，生气伤胃。

在她看来，低质量的合作还不如单干，省得给别人填坑，所以就打算回家寻找自由。

但是，病假这几天一过，她就回去上班了。

因为对自己不放心，在她看来，假期就是对自由职业的一种预演。自己之前盘算着每天都能省4小时通勤时间，还能自己做饭，健康养胃。

但现实是，通勤时间省下了，其余时间都荒废了，在家完全没效率，每天躺着，眼睛一睁，上午过去了；眼睛一闭，夜里过去了。加上吃饭、聊微信、刷微博，一天什么也没干就过去了。

按照她的话说，胸怀天下，就是管不好自己。

吓得她赶紧跑回去上班，希望能早点止损。

后来，她经常感叹，想要做自由职业，先看看自己假期都是怎么过的。

废掉一个人，就让他闲着。

说起来也挺悲哀的，以为能用自由的时间，成全自己，最终却把自己变成了"废柴"。

忙到崩溃的时候，总想着什么时候有点自己的时间，可一旦时间都任由自己支配，反而过得很累。

这话不假，一个人到底配不配得上自由，放个假就知道了。

不妨回忆咱们上学的时候，一个寒暑假，就能把同班同学分出高下。

有些人一离开学校，学业这回事就搁置一边了。不管不顾地玩，最后因为玩心难收，特别抗拒开学。

还有人，有计划好好利用假期，列了书单，买了习题。

但自控力太差，想着玩一会儿没关系，然后就荒废掉了整个假期，书没翻开过，会有点计划泡汤的焦虑。

只有真的能做好自我约束的人，实现了"弯道超车"，猛补相对薄弱的科目，为新学期打好了基础。

当然还有全年无休的学霸，一直在学习，不断充实自己。听着他最累，其实人家拿高分的时候最轻松。

上班以后的假期也一样。之前我们公司有个95后，小长假过后，顶着黑眼圈，拖着疲惫的身体，带着焦虑的心情，不情愿地回到了工位上，然后抱怨放假比上班还累。

这话让他隔壁桌听到，精辟地说了一句：你不是放松，你就是放纵。

上班的时候毕竟有节制，抓紧一切可利用的时间休息。可能偶尔能看本闲书都觉得幸福和满足。

可一旦盼来了那个空闲的黄金周，身体反倒负担重，睡到昏天黑地，胡吃海喝，去酒吧跟朋友们喝到烂醉，追剧玩游戏，成宿不睡觉。

这就是典型的把假期当成了句号过，但所有优秀的人，只会把假期当成一个逗号，换换脑筋，或是让自己慢下来，但自我管理 24 小时都不掉线，常态化努力。

所以为什么我们明明看起来都在同一起跑线，最后却拉开了差距。

一个人到底有多自律，给他一点自由就知道了。

现在的年轻人，都热爱自由，"零工经济"也成为了一种潮流和趋势。

2017 年，咨询公司麦肯锡发布的一份"零工经济"报告显示，在美国和欧洲，从事自由职业的人口占到了 20%~30%。

我家邻居刚辞职单干的时候，父母坚决反对，为此他没少跟他爸妈吵架。

在他看来，父母的观念太老套，没有跟上时代。

于是，他不停地跟父母讲，现在人已经不需要他们那个年代的"饭碗"了，社会分工、雇佣关系早都发生了翻天覆地的变化。

而且凭他的能力，根本不用发愁没有客户和收入。

费了好大的力气，说服了父母，但是结果非常打脸。

开始他确实利用各种资源，挣了不少钱，但是不到一个月，他这家只有一个人的公司就垮了。

原来刚辞职的时候，工作惯性还在，每天按时出门见客户，回来就抓紧时间干活儿。后来挣到钱就给自己放了假，出去花钱。

然后就收不住了。

先是早起越来越难，后来人也越来越懒，严重的拖延症拖没了客户，被人说不靠谱。

业务水平依旧碾压不少人，自由职业的模式也没有问题，却没想到败给了不够自律。

从工作状态中出来可能只需要一分钟，但懒散惯了，再想找状态就很难。

现在我这个邻居，自己不想接活，但在家待惯了，不想上班，混一天算一天，彻底愁坏了爸妈。

所以，并不是每个人都适合这种工作方式。《哈佛商业评论》曾经刊载过一篇文章，讲的是做自由职业之前要衡量的问题。

其中很重要的一条就是，问问自己，有没有工作纪律，够不够努力。因为只有你善于自我激励，并且非常敬业，客户才会选你。

就是说即便你自己工作，也要严守工作纪律，才可能把自己经营好。而不是经常心疼自己，把自由职业当成逃避职场的幌子，终成"废柴"。我们艳羡别人的自由与成功，却忽略了他们比常人更多的付出。

过去总觉得有人管你烦，后来才发现，没人管的时候更烦。每天看上去时间空空，却挤不出时间努力修炼。

作息一塌糊涂，大门都不想踏出一步。别说提升自我、扩展资源，连基本生活都保证不了。

鞭策从来不是磨难，自生自灭才是对懒人最狠的报复。

说到底，还是天道酬勤，需要付出百分百的努力，才能看起来毫不费力。

真正的自由是很贵的，你得先问自己配不配。

02 "精神垃圾"
是否正在摧毁着你的下一代

自然界有个规律，食物决定存在，你吃什么，你就是什么。你的身体状况与你所吃的食品种类息息相关，吃头补头，吃骨补骨，绝大多数现代病都是吃出来的。当今的孩子喝牛奶，吃牛排，穿皮鞋，系皮带，穿皮衣，发牛脾气，可怜！

你读什么书，你就产生什么样的思想；

你听什么，什么就在你的心里潜滋暗长；

你脑袋里有什么样的观念，你就有什么样的行动；

你常常和伟人在一起，你不想成为伟人都难。

这就是，人是自己思想的产物。孩子不是一棵白菜，不是只要浇水施肥就行，他有精神需求，他有生命更有天命。

家长们对孩子所吃的食品非常关心，要挑自然的、绿色的、有营养的并且可吸收的，而对孩子的精神食粮却未必重视或选择正确，任由电视、电脑甚至陌生人成为孩子最好的朋友。

电视、电脑让儿童过早地成人化，童年被缩短，等他们到了成年的年龄，却又显出儿童化，依然爱看卡通、漫画，没有完全社会化。

一个妖怪（奥特曼），一只老鼠（米老鼠）闹得多少中国儿童心神不宁，只有"床前明月光，疑是地上霜"的情怀，而没有"星垂平野阔，月涌大江流"的宏大气魄，请问：这样的孩子将来如何成就一番事业？

比尔·盖茨不是读作文选、教辅书长大的，而是读经典、百科全书、伟人传记而成长的。读什么书是战略问题，怎么读是个战术问题。战术可犯错，战略一个错也犯不得。从小读书，要选对终身都有价值的、原创性的、源头活水般的经典作品。

经典虽不流行，但绝不会过时。每种语言现象的背后都蕴涵着深刻的哲理和文化内容，而经典古籍则是这个世界的思想与秩序的基础。语言不仅是交流的工具，语言还是真实的存在，它构成人最重要的文化环境，直接塑造人的文化心理。

对你的妻子、丈夫、孩子所讲的每一句话都是一个预言，你总是骂孩子，他就朝着你骂的那条路走。因此，一定程度上，语言、精神、思想、行为是同一的，所以，选什么给孩子读不可不慎。

在孩子纯净的心田里播下的应该是能生根发芽的智慧的种子，而不是埋下沉沉的石头或将会腐烂的垃圾。

让经典说话，使儿童直接跟圣人的思想对话，直接接受圣人的教诲，直接吸收圣人的思想精华，会使这个人从小在一个很高的思维方式中思考问题，在一个很高的精神境界中判断是非得失取舍，在一个很高的文学基础上创作文章，等于是奠定了这个人一生的基础素质，让他站在巨人的肩膀上。

我们一直提倡一个家庭要尽可能地多听美好的古典音乐、多读经典好书、多说好话、学会正确的赏识和赞美，不是没有道理的。听美乐、读经典、学赏识，凡是能坚持这样去做的家庭，三五年下来，相信整个家庭成员的气质、性格、生命品质一定都会改变。

所谓改变命运，就是通过教育、学习，改变自己的思维方式，打开生命更大的格局，上升到一个更高的人生境界。人最终的所得，不在于你想得到什么，而在于你真正地成为了什么样的人！

你是什么样的人，老天自然就会给你与之相匹配的东西！这就是中国文化的神奇所在。

03　和优秀的人在一起，
　　　不成功也很快乐

和优秀的人在一起真的很重要，跟什么样的人在一起就成为什么样的人！

普通人的圈子，谈论的是闲事，赚的是工资，想的是明天。

生意人的圈子，谈论的是项目，赚的是利润，想的是下一年。

事业人的圈子，谈论的是机会，赚的是财富，想到的是未来和保障。

智慧人的圈子，谈论是给予，交流是的奉献，遵道而行，一切将会自然富足。

在现实生活中，你和谁在一起的确很重要，甚至能改变你的成长轨迹，决定你的人生成败。

和什么样的人在一起，就会有什么样的人生。

和勤奋的人在一起，你不会懒惰；

和积极的人在一起，你不会消沉。

与智者同行，你会不同凡响；

与高人为伍，你能登上巅峰。

积极的人像太阳，照到哪里哪里亮；

消极的人像月亮，月初月末都一样。

态度决定一切。有什么态度，就有什么样的未来。性格决定命运。有怎样的性格，就有怎样的人生。生活中最不幸的是：由于你身边缺乏积极进取的人，缺少远见卓识的人，使你的人生变得平庸、黯然失色。

如果你想聪明，那你就要和聪明的人在一起，你才会更加睿智。

如果你想优秀，那你就要和优秀的人在一起，你才会出类拔萃。

读好书，交高人，乃人生两大幸事。

朋友是你一生不可或缺的宝贵财富。有朋友的激励和相助，你会走的更远。

人生的奥妙之处就在于与人相处，携手同行。生活的美好之处则在于送人玫瑰，手留余香。

以下是六点建议：

1.心甘情愿吃亏的人，终究吃不了亏，能吃亏的人，人缘必然好，人缘好的人机会自然多，人的一生能抓住一两次关键机会，足矣！

2.爱占便宜的人，终究占不了便宜，捡到一棵草，失去一片森林，你看那些一到买单就上厕所或钱包半天掏不出来的"聪明人"，基本上都没啥特别成就。

3.心眼儿小的人，天地大不了。朋友聚会时，三句话不离自己和自家的人，是蜗牛转世，内心空虚、自私，心里只有自家的事，其他的事慢慢也就与他无关了。

4.只有惜缘才能续缘。在人生的路上我们会遇到很多人，其实：有缘才能相聚，一定要善待身边的亲人，关心身边的朋友，宽恕那些伤害你的人。

5.心中无缺叫富，被人需要叫贵。快乐不是一种性格，而是一种能力。

6.笑看风云淡，坐看云起时，不争就是慈悲，不辩就是智慧，不闻就是清净，不看就是自在，原谅就是解脱，知足就是放下。

今生注定我们什么也带不走，所以应该：活在当下、笑在当下、悟在当下！

04 未成年需要保护，
　　 但不能纵容

近年来，校园暴力频发，未成年人极端恶性暴力事件让人惊心，也让围绕"应否降低刑事责任年龄"的争论越来越激烈。

中国政法大学教授王牧表示，从世界范围来看，低龄儿童实施严重危害社会的行为有所增加，这是社会发展的必然结果。其中一个重要原因是社会急速发展，急剧增长的信息量不仅促使儿童早熟，大量不良信息也使儿童"受污染"的年龄提前，犯罪低龄化是一种世界趋势。但是，世界上绝大多数国家并没有因为犯罪低龄化现象而降低刑事责任年龄。从文明发展的角度看，不降低刑事责任年龄，是对犯罪问题理性认识的结果。当然，这不意味着对低龄儿童违法犯罪坐视不管，应尽量采取教育预防的办法，对低龄儿童的不良、违法行为及时依法进行教育管束，对犯罪行为依法处理。

多维度认识"责任年龄"：刑事和民事各有侧重

充分认识"刑事责任年龄"应当追本溯源。

刑事责任年龄意味着行为人对行为性质的认识和自我控制能力。与 30 多年前相比，相同年龄的未成年人的确能接受和掌握更多的知识与信息。一些专家表示，当前未成年人生理心理的成熟度较以往提高了，生理方面的成熟为实施犯罪行为提供了更大可能性，而心理方面的成熟使未成年人在辨认和控制自己行为能力上也有所提高，为降低刑事责任年龄提供了依据。

西方一些国家通过降低未成年人刑事责任年龄，并加大惩处面，有效震慑了未成年人犯罪。比如荷兰规定 12 周岁以上的儿童，犯罪要受到刑罚；香港年满 10 周岁的儿童，就具有刑事责任能力，年满 14 周岁的儿童对其行为要承担完全刑事责任，以强凌弱、殴打同学等犯罪行为，少年法庭虽然不一定会判监禁刑，但判履行社会服务或进入感化院则是必需的。

我国有严重不良行为的未成年人达数万之众，未成年人犯罪刑事责任认定年龄偏高，对一些严重危害社会的行为免予刑罚惩处，确实有容忍过度之处，一定程度上纵容了这类违法犯罪。

目前，刑法规定因不满 16 周岁不予刑事处罚的，责令他的家长或者监护人加以管教；在必要的时候，也可以由政府收容教养。预防青少年犯罪法规定，有严重不良行为的未成年人应进入专门学校或工读学校进行教育矫治。在具体司法实践中，相当部分家长或者监护人对"一身恶习"的未成年人子女无力或不愿监护，政府收容教养也是逐年萎缩，一些专门学校因为父母担心"交叉感染"，大多招生难以为继，于是大量问题少年流落社会，成为未成年人犯罪的潜在人群。

法律是守护公平正义的最后一道防线，一味地要求加重刑罚，其实并无太多积极意义，我们更应该考虑的反而是法律之外的那些监管。社会、特别是家庭应该对未成年人犯罪负有更为重要的责任，学生的德育素质和心理辅导的缺失让校园欺凌变成普通平常的"打打闹闹"；现今社会的暴力美学无疑也对未成年人行为产生着影响；偏激或宠溺的家庭教育更是让未成年人的心理缺陷发展为欺凌、暴力事件的主因。

校园孕育着社会的未来，孩子更是祖国的希望。一颗颗未来之星的成长，离不开家庭、社会、国家的诸多关注，这种关注，应该超出政策、口号、原则的范围，在具体的实践层面有着明确的操作空间。否则，校园欺凌将呈现日益高发的趋势。

每个平凡的人都肯定有非同寻常的成长历程，而只有在不断成长中，才会领悟到人生的真谛。

05 时间会给耐心的人
   一个好的答复

富兰克林说："有耐心的人，能得到他所期望的。"

耐心需要特别的勇气，对于认定的理想和目标要用全部的精力，全然地投入，需要不屈不挠、坚持到底的精神。

耐心是一种主导命运的积极力量。

唯有用坚韧不拔的耐心才能战胜任何困难。

一个有耐心的人，全世界都会为他让路。

无论谁都会相信他，会赋予他全部的信任。

一个有耐心的人，到处都会获得别人的帮助。

相反，那些做事三心二意、朝三暮四，缺乏韧性和耐心的人，没有人会愿意信任和支持他，因为大家都知道他做事不可靠，失败随时都可能降临在他的身上。

耐心就是不急躁、不厌烦，它既是一种性格，也是一种品格，是"高尚的秉性"，能够成就事业，更成就人生。

耐心是成事的关键。任何事物的发展都不可能一帆风顺。

任何事业都不是一蹴而就的，要经过不懈的努力和奋斗才能实现自己的宏伟目标。

因此，做任何事情都要有耐心。持之以恒地努力，孜孜以求，不懈奋斗，才能走向成功。

没有耐心，做事浅尝辄止，甚至半途而废，都只能是看着别人成功而自己不能成功。

望洋兴叹，羡慕别人成功，而自己总是在半道上回头，在半山腰里看风景，永远凌不了绝顶，永远看不到高处的美丽风光。

　　有了耐心，铁杵能磨成针；有了恒心，所有梦想能成真。积跬步至千里，积细流成江海。耐心架起通天梯。

06 平凡而不平庸，
　　　朴素彰显高贵

　　《人间有味是清欢》里说："天地有大美而不言，静水流深，这看似深邃的天地万物，其实简约朴素，平凡安然。"

　　朴素之美，方为大美；朴素之人，才是高贵。

　　桃李妖娆，却不及空谷幽兰之清芬；牡丹富贵，却难比一剪寒梅之高韵。

　　花的名贵，并不在于艳丽的外表，而在于内在的气质，散发的清香。花是如此，人亦如此。金庸小说里有无数风华绝代的美人，英气的赵敏，俏丽的黄蓉，明艳的任盈盈，但最让人难忘的，却是素净如雪的小龙女。一袭白裙，一条素色发带，无须多余装饰，就已倾国倾城。

　　金庸本人曾这样评价她：

　　她一生爱穿白衣，当真如风拂玉树，雪里琼苞，兼之生性清冷，实当得起"冷浸溶溶月"的形容。人们常说，美人在骨不在皮。真正的美人，不必靠涂脂抹粉来妆点自己，也不必靠珠光宝气来炫耀自己。衣服不在华美，得体就好；妆容不在浓艳，干净就好。

　　一个自信的人，才会以最自然的形象示人；一个内心丰盈的人，才会舍弃外部的浮华，追求朴素干净之美。

　　正如《红楼梦》里，王熙凤每次出场必是穿金戴银、盛装亮相，初看虽美，时间长了，却让人觉得庸俗市侩；邢岫烟虽然钗荆裙布，却为人雅重，气度超然，她的一句"看来岂是寻常色，浓淡由它冰雪中"，更让人看到了她身上不一样的美。海明威在《真实的高贵》里写道："我始终相信，在内心生活得更严肃的人，也会在外表上生活得更朴素。"

大繁若简，大美若素。只有敢于洗净铅华的人，才是真正的美人。

君子之交淡如水，小人之交甘若醴。

真正的友谊，不是有意地拉拢，刻意地靠近，而是在不经意的你来我往中，自然而然地走到了一起。你赢了，我不会趋炎附势；你输了，我陪你东山再起。你要走，我不会去送你；你要来，风雨再大我也去接你。当你风光无限时，身边总能聚集一大批人，和你称兄道弟、亲密无间；当你默默无闻时，那群人却早已不见了踪影。

英国前首相撒切尔夫人在任时，威名赫赫，结交广泛，每年生日总会收到来自世界各地的祝福和礼物；等她卸任之后，风光不再，记得她生日的人也越来越少，77岁生日那天，她只收到了4张生日卡片。热闹的交情，往往热闹过后就散了；朴素的交情，虽然没那么耀眼，但一直在你身后，从未远离。

请记住，话别说太满，人别熟太快。当初有多么如胶似漆，后来就有多么形同陌路。任何感情都是如此，细水方能长流，平平淡淡才是真。只有经得起平淡，才能打得败时间。

在这个日渐浮躁的世界里，也许我们真的应该学会给人生做做减法，让生活变得朴素一点，清淡一点。少点油腻的脂粉，多展现真实的自己；少点喧嚣的社交，只留下最真的人；少点欲望，少点套路，让自己活得更加从容，更加纯粹。

人生因为返璞所以归真，越朴素的东西，才是越恒久、越美丽的。余生，愿我们都能活成一个朴素的人，一个真正高贵的人。

07 你心里装着什么，
就会得到什么

一个空瓶子，你向里面倒水，里面就装着水；你向里面倒垃圾，里面就装着垃圾。

人是什么？人什么都不是，人就是一只空瓶子，你向瓶子里面倒什么，你得到的就是什么。

心里装着善良，装着宽容，装着真诚，装着感恩，你的生命就充满了阳光。

无论遇到任何矛盾，都会首先查找自身的不足加以修正，他人的一切不好，都会在你博大的胸怀中消释。

心里装着他人，你就会凡事先想想别人的感受，就不会先替自己打算，而是让别人也感到温暖。

你关心别人，别人也就想着你，最终，你得到的甚至比你关心别人的付出还要多。

心里装着天地，人世间的是非、争斗、功名利禄、升降荣辱，一切的一切，都不会遮住你的慧眼。

相反，心里装着仇恨的种子，它就会在你的生命中生根发芽开花。其结果，仇恨者先被自己仇恨。最先伤害的是你自己。

心里装着嫉妒，装着算计，装着贪婪，你就走不出狭隘、猥琐、自私的阴影，在自以为是的小圈子里怨天尤人，你的朋友就会越来越少，最后你就会作茧自缚，成为孤家寡人。

心里装着位子、票子、房子，你的生命就会在物质世界里疲于奔命。当这些东西纷至沓来，你欲壑难平的追逐，甚至让你在精神世界里迷失。生不带来死不带去，到头来撒手人寰，只能带着愧疚和遗憾空空地庸碌而去。

你的命运，你的成败贵贱，不取决于长相和身高，而是取决于你内心装的是什么，你的内心装着美好，你的生活就美好；你的内心装着美丽，你的外表就美丽；你的内心装满能量，你的身体就充满能量；你的内心装着喜悦，你的生活就满是喜悦；你的内心装着自信，你的人生就自信。

国学大师南怀瑾先生曾讲述：身体上的病，是由"业力"所生。

业从哪里来？业由心造。换句话说，如何才能身心无病呢？很简单，发清净心，就可以远离诸病。

佛法特重于心，以心为根本，心转，物亦随之转。如要治身，不如治心。

生命的境界，生命的未来，说是在迷中，其实就在你的眼前，就在你的选择之中，就在你的心里。相随心生，缘由心定，缘起于心，而修于心。

我们每个人就像一个空瓶子，你心里装着什么，就会得到什么。

08　求其上得其中；
　　　求其中得其下；
　　　求其下无所得

求其上，得其中；求其中，得其下；求其下，无所得。

你曾经想找一个喜欢的人结婚过日子，后来年龄大了，家里又逼得紧，于是心想算了吧，找个差不多的凑合过吧。

你曾经想做一份自己喜欢的工作，碰壁几次之后，心想无所谓了，只要能挣钱，差不多就行了。

你曾经能够坚持自己的原则、主张，结果总是在争吵之后闹得很不愉快，于是"顿悟"做人何必那么较真儿，马马虎虎也就过去了。

生活中最常上演的戏码，就是退而求其次。这甚至已经成了人们心中的处世智慧，美其名曰"退一步海阔天空"。

于是你只能活在不满和抱怨之中。你只能平庸。

关于这一点，老祖宗说得尤其深刻。有句话让我印象非常深，这句话有两个版本——唐太宗《帝范》：取法于上，仅得为中；取法于中，故为其下。宋代严羽《沧浪诗话》：学其上，仅得其中；学其中，斯为下矣。

两句话的意思没什么两样，更精炼全面一点说，便是：求其上，得其中；求其中，得其下；求其下，无所得。

说得更明白点：你标准高，达成的目标才可能高；你要求严，得到的结果才可能好。虽然不是什么样的标准就一定得到什么样的结果，但却一定是正相关。

那些结局为上的人，求的则一定是"上上"。

优秀人物几乎都有一个共同的特质——他们永远对自己做到

的不满意，那些让常人艳羡的结果，其实都离他们理想中的甚远。

反之，就是不断放低自己的标准和要求，得到的结果就只能是越来越差。

当退而求其次成了一种习惯，不尽人意就形成了惯性，形成一种越妥协越失败的恶性循环，这就是低端人生的来源。

《最怕你一生碌碌无为，还安慰自己平凡可贵》一书中，有这么一段话，说得很是透彻。

你一直以为：妥协一些，将就一下，这个世界就会为你让出一席之地；但你却发现，除了失去更多，抱怨更多，你什么都没得到。

实际上，每一次妥协的背后，都有一个真实的目的：或是害怕失去，或是息事宁人，或是不愿付出努力。

当你以为降低标准就可以更容易得到自己想要的结果时，你就注定会得不到想要的。

要记住，你所设定的底线决定了你不会失去什么。一旦你失去了底线，你很快就会溃不成军。更严重的后果是，你想要的东西，也会跟着一样样失去。

更可怕的是，退而求其次对人的腐蚀，是在你不知不觉中悄悄进行的。

有了第一次就有第二次，环环相扣，如同一根无形的绳子，绑住你把你往人生泥潭的深处拉。

所以，人只有决不降低标准，才可能等到自己想要的结果。而退而求其次的，则已经放弃了这项权利。

事情上可以权衡，心底的标准却不能有丝毫减损，两者的区别要看清楚。

人也只有决不降低标准，才可能突破当前的困境，到达一个全新的层面和格局。

庄子、孔子等古代先贤，没有一个因为现实困境而降低自己的精神追求；所有的现实成功者，也没有一个在困难面前选择放弃。

假如马云在创业艰难期的一再失败中放弃了，他还可以去做他的英语老师，但他没有；假如史玉柱在破产负债2.5亿后放弃了，他随便就可以谋得一份高管职位，但他没有。

他们不放弃，正是因为他们不肯退而求其次，不肯降低自己人生追求的标准。

人只有逼自己一把，才能看到更多的可能性。活着最大的失败，不是跌倒，而是从来不敢奔跑。

说白了，那些轻易就肯退而求其次的人，是心灵的格局不够，抗压的能力不够，坚韧的程度不够，生命的成色不够。

因此，他们配不上更好的结局。

有的人说，我没有那些先贤和成功人士的天分，"求其上"只能是好高骛远、不自量力。但就算如此，就一定要"求其下"吗？不还有"求其中"吗？

所以别再给自己找借口了。没有任何一种生活，是靠退而求其次来成全的。

因为，人只有不后退，才能向前。

09　从没为自己活的老一辈，
　　可以学着自私点

长辈对孩子的爱，总是无私的，甚至没有道理。只要能让孩子高兴，他们付出再多都觉得值得。

一夜之间，视频《啥是佩奇》刷遍了朋友圈。大家纷纷转发，感动于爷爷对孙子的爱。刷屏的评论，一大半都在感叹短片的写实，"每一帧都像在看自己家长辈，很受触动。"不少人在短片里看到了自己长辈的影子，但感动背后，有些无奈却不得不说。

身在农村的爷爷，在电话里问小孙子过年想要什么。孙子答，要佩奇。还没等爷爷问清楚"什么是佩奇"，破旧的手机就掉了线，不争气地没了声音。爷爷在电话里问孙子想要什么，手机却突然不能用了。

为了实现孙子的愿望，爷爷用尽各种办法。查字典；求有智能手机的邻居，帮忙搜索佩奇；跑到从大城市回来的"老三媳妇"家，终于打听到佩奇的样子。"是红色的猪。"他端起油漆桶，就进了猪圈。听说佩奇是红色的猪，爷爷抱了桶红色油漆打算把花猪刷红。把"老三媳妇"都逗笑了："佩奇是假的，动画片，长得就跟鼓风机似的。"爷爷二话不说，拿起鼓风机、电锯，打算自己做一个。修修改改，终于在大年三十，掏出了孙子想要的礼物。

大年夜，爷爷掏出了手工制作的"硬核佩奇"，惊呆了小孙子。

有人在朋友圈说，这段视频是笑着看哭了。故事里爷爷四处寻找的佩奇是什么已经不重要了。重要的是爷爷对孙子的爱，和为了孙子一句话，就付出一切的努力。

大家都在夸赞爷爷几经波折做出佩奇，我却有些心酸。爷爷用着破旧的老古董手机，稍微好点的手机都舍不得换，而儿子开着崭新的轿车。舍不得吃攒出来的特产蘑菇，当宝贝送给儿子家，儿媳妇却垮了脸。舍不得为自己考虑一切，却舍得花时间跑遍全村求人，反复折腾一个鼓风机。只为满足孙子的一句话。

这样"过度付出"的爱，很感人，也更让人心疼。长辈对晚辈太过沉重的爱，让人备感压力。

不只是爷孙辈的爱，中国家庭里，父母也一样。不是爱得太少，而是爱得太多。听到儿子过年不回家，父亲没有大发雷霆，只是自己沉默不语地往家走。知道儿子不回家，即使失落，也只是默默承受。

被儿子接到城里，大包小裹，都是"给你们采的蘑菇，给你们摘的大枣，我给咱家敲的核桃"。给儿子带了各种特产，有了子女后，似乎只有付出，才能感受到自己的价值。

武汉市洪山区有一名环卫工，他的女儿一直有学体操的愿望。父亲便省吃俭用过了7年清汤寡水的生活，为了省下钱，几乎每顿饭只吃清汤挂面。7年间，吃的挂面差不多有两吨。

故事里，无奈多过了感动。日后女儿若是有了更负担不起的心愿，父亲又会付出怎样的代价。如果女儿不能在体操事业上取得成绩回报父亲，她的内心会有多愧疚。牺牲自我的父母之爱，往往会成为压垮子女的担子，成为他们愧疚自责的压力来源。

父母习惯放低姿态，永远把自己的快乐放在子女后面，也很难感到幸福。看似伟大的牺牲，却造成了两败俱伤的结局。

《奇葩说》中讨论过这样一个辩题：过得不开心，要不要跟爸妈说？嘉宾最后说："我好为中国的父母悲哀，仿佛他们都没有自己独立的生活，都没有自己独立的人格。不开心的事情要不要告诉父母，父母总教育孩子要独立，却偏偏忘记自己的独立。"有一种爱叫作"放手"，对亲子关系来说，同样适用。

《弗洛伊德及其后继者》一书中写道："母亲在需要的时候出场固然很关键，但同样关键的是，她在不被需要的时候退场。"我们总是忽略，与"出场"同样重要的，是"退场"。

"世上所有的爱都以聚合为目的，只有一种爱以分离为目的，那就是父母对孩子的爱。"心理学家希尔维亚·克莱尔对父母之爱的总结，很残忍，但很现实。

然而在他看来，成年后的渐行渐远，不是做父母的失败，反而是教育的成功。"父母真正成功的爱，就是让孩子尽早作为一个独立的个体，从你的生命中分离出去，这种分离越早，你就越成功。"但很显然，不是所有父母，都习惯分离。

某银行曾发布过一份全球教育报告：82%以上的中国家长，做好了为孩子成功付出"牺牲"的准备。三分之一以上的中国父母，几乎丧失了个人时间。为了孩子付出一切，父母沉重的爱，全世界都通用。

韩剧《天空之城》中，母亲韩书珍为了让女儿考入医科大学，把她培养为成功人士，甘愿抛弃事业，将自己的一切奉献给孩子。悉心照顾女儿的一日三餐，为她的成绩提心吊胆。甚至为了给女儿请家教，放下尊严下跪。快乐建立在女儿的愉悦之上，痛苦也建立在女儿的悲伤之中。至于自己的情绪，可以通通藏起来。哪有什么自我，"活着就是为了孩子"。

都是妈妈，但有人找出不一样的活法。演员戚薇的女儿Lucky，在节目中被问：妈妈是谁，Lucky回答："戚哥。"不一样的称呼背后，是妈妈和女儿平等交流的状态。

戚薇在处理亲子关系时，也不会牺牲自己的诉求，一味宠着孩子。女儿看上了戚薇穿的一条裙子，拽着衣服不松手。戚薇很严肃地告诉女儿："这条裙子是我的，你不可以随便拿别人的任何东西。妈妈也要漂亮呀，只有你要漂亮吗？"

先学会爱自己，再去爱别人。尊重自己独立的人生，同样也是尊重孩子作为个体的存在。有句俗语流传得很广，"儿孙自有儿孙福"。可大部分人不知道下半句，"莫为儿孙做马牛"。

父母祖辈，倾其一生给子女，希望自己的孩子不为饥愁，不为生活所累。他们没有怨言，甚至享受着这份"依赖感"。可是，子女也想让老一辈"自私点"，多为自己而活。

王源在《年味有FUN》中，回到了自己家。因为自己平时太忙，想孙子的爷爷奶奶基本不给王源打电话。怕打扰孙子工作，也怕耽搁他学习休息。之前不用手机的爷爷，最初拒绝王源买电脑和智能手机的提议。后来学会了，从电视手机上就能获知孙子的消息。孙子不在的日常，爷爷每天就去喜欢的茶馆喝茶。各自有各自的生活。

Papi酱在视频中，总结现代父母的状态："给爸妈送什么都不要送钱，他们这个年纪的人存钱大手大脚的，一给他们钱，就存到银行里。"儿女们也想尽孝，但奈何在父母的世界里，少有自己，多是孩子。

老一辈的爱与付出没法批评，只是感受，就已经足够让人难过。一辈子辛辛苦苦，他们可能从来没想过为自己活。而当我们已经长大，最大的孝顺，就是帮助他们"自私"地过好属于自己的一生。

10 不是有同行者才上路，
   是你在路上才会有同行者

1

从前有个穷人，一个富婆见他可怜，就起了善心，想帮他致富。

富婆送给他一头牛，嘱他好好开荒，等春天来了撒上种子，秋天就可以远离那个"穷"字了。

穷人满怀希望开始奋斗。

可是没过几天，牛要吃草，人要吃饭，日子比过去还难。

穷人就想，不如把牛卖了，买几只羊，先杀一只吃，剩下的还可以生小羊，长大了拿去卖，可以赚更多的钱。

穷人的计划如愿以偿，只是吃了一只羊之后，小羊迟迟没有生下来，日子又艰难了，忍不住又吃了一只。

穷人想：这样下去不得了，不如把羊卖了，买成鸡，鸡生蛋的速度要快一些，鸡蛋立刻可以赚钱，日子立刻可以好转。

穷人的计划又如愿以偿了，但是日子并没有改变，又艰难了，又忍不住杀鸡，终于杀到只剩一只鸡时，穷人的理想彻底崩溃。

他想：致富是无望了，还不如把鸡卖了，打一壶酒，三杯下肚，万事不愁。

很快春天来了，发善心的富婆兴致勃勃送种子来，竟然发现穷人正就着咸菜喝酒，牛早就没有了，房子里依然一贫如洗。

富婆转身走了，穷人仍然一直穷着。

很多穷人都有过梦想，甚至有过机遇，有过行动，但要坚持到底却很难。

2

一个投资家说，他的成功秘诀就是：没钱时，不管再困难，也不要动用投资和积蓄，压力会使你找到赚钱的新方法，帮你还清账单。这是个好习惯。

性格形成习惯，习惯决定成功。越是有故事的人，越沉静简单；越肤浅单薄的人，越浮躁不安。

强者不是没有眼泪，而是含着眼泪依然奔跑。

人最先衰老的不是容貌，而是那份不顾一切的闯劲。

诸葛亮从来不问刘备，为什么我们的箭那么少？关羽从来不问刘备，为什么我们的士兵那么少？张飞从来不问刘备，兵临城下我该怎么办？于是，有了草船借箭，有了过五关斩六将，有了据水断桥吓退曹兵。赵子龙接到进攻军令时手上只有 20 个兵，收获成果时已攻下了十座城池，多了 2 万兵，增了 3000 匹马，军令只是写着：攻下城池！——如若万事俱备，你的价值何在！孙悟空是在取经的路上碰到的，猪八戒是在取经的路上碰到的，沙和尚是在取经的路上碰到的，白龙马也是在取经的路上碰到的，所以要碰到认定的目标，你必须先上路！不是有了同行者才上路，而是你在路上才会有同行者！

可惜好多人把这个道理想反了。

3

狮子看见一条疯狗，赶紧躲开了。

小狮子说："爸爸，你敢和老虎搏斗，与猎豹争雄，却躲避一条疯狗，多丢人啊！"

狮子问："孩子，打败一条疯狗光荣吗？"小狮子摇摇头。

"让疯狗咬一口倒霉不？"小狮子点点头。

"既然如此，咱们干吗要去招惹一条疯狗呢？"

不是什么人都配做你的对手，不要与那些没有素质的人争辩，微微一笑远离他，不要让他"咬"到你。

这个必须看明白，因为许多人正在和疯狗斗！

11 幸运总是离努力的人
   更近一些

别哭穷，没人会白给你钱和怜悯；别喊累，没人能一直帮你分担；别流泪，大多数人不在乎你的悲哀；别靠人，最可靠的是自己；别低头，一次低头十倍努力也再难抬起；别显出落魄，不给那些等着看你笑话的人机会。选的路要走，就要承担坎坷低潮与艰辛，不然，你凭啥比别人活得出色。

走的路越远，心就会越宽；遇见的人越多，就会发现世界越大；读的书越多，越懂得包容。人要学会谦逊和奋斗，才能在旅途中看见更美的风景。保持健康快乐的心态，不要在意一城一池的得失。坚定且执着，路和梦想就在脚下！

人生最困难的时候，也许正是转变的时候，改变固有的思想，人生就可能迎来转机。幸运，总是离努力的人更近一些。

每天早晨，叫醒自己的不是钟声，而是梦想！不是每个人都注定会成功，信念就是即使看不到未来，即使看不到希望，也依然相信自己错不了，自己选的人错不了，自己选的人生错不了。有梦想，就能看到未来！

不要用言语来获胜，而是努力去达到别人难以企及的高度，再拿出成绩时，才是对那些嘲讽你的人最漂亮的回击。

"你凭什么不努力又什么都想要！"——请记住这句话，想要什么样的生活就靠自己奋斗，要想得到必须先付出。

努力后收获的是自己，赚钱也好，工作也罢，不要去拖延，没人喜欢拖着懒人赚钱。也许今天你委屈抱怨，总遇不到机会，但想想自己付出了多少，努力不是为别人，而是为自己！

　　学会驾驭自己的生活，即使困难重重，也要满怀信心地向前。不自怜不自卑不哀怨，一日一日过，一步一步走，那份柳暗花明的喜乐和必然的收获，在于我们自己的坚持。坚持，是一种品格。

　　无论这个世界对你怎样，都请你一如既往地努力、勇敢、充满希望。生命中所有的不甘，都是因为还心存梦想，在你放弃之前，好好拼一把，只怕心老，不怕路长。你要知道不是每件事都注定会成功，但是每件事都值得一试。

　　愿你我从今天开始，沉迷于工作，日渐消瘦，毕竟"一富遮所有"！

12 好的团队，
决不能有的六大负能量

一、抱怨——杀伤力最大、辐射面最广的负能量

团队里的"祥林嫂"可男可女，他们总爱数落工作和生活中的种种不满，自怨自艾。工作中谁没有压力，成天抱怨咒骂，让本来安心工作的人也容易被负面情绪困扰。抱怨是团队中最易传播，辐射最快最广最具杀伤力的"负能量"。抱怨让自己和他人陷入负面情绪中，消极怠工，一个人会传染一个部门，一个部门会传染整个企业。为了大局出发，这样的人不得不叫他离开。

二、消极——最易动摇"军心"的负能量

"业绩一直好不起来，公司大概没前途了吧！这样下去怕是工资也发不出了吧！"办公室里，总是有人消极怠惰，对企业发展缺乏信心，患得患失。这种人的内心往往能量比较弱，而且行动力不高，总在瞻前顾后中蹉跎了时间和机会。员工消极的心理状态对团队氛围非常不利，当大伙都在为目标奋力拼搏时，这类人会传播出各种忐忑不安的情绪，扰乱"军心"，对于有攻坚任务的团队来说，这种人的威胁极大。

三、浮躁——最耐不住寂寞的负能量

左右摇摆的人，急于求成的人，无疑也是企业的负能量之一。当今社会已经够浮躁了，每个人都急于得到一个"成功"，想要一夜暴富。在办公室里这种急于邀功，做事不踏实的人很容易破坏团队的协作和平衡，也容易带动其他人与他一样成为浮躁的"急

行军"，而少了脚踏实地的积累。不管是处于哪个发展阶段的企业，此类人肯定都不会受到欢迎。

四、冷淡——最易演变成办公室冷暴力的负能量

团队人际关系冷淡对团队建设有很大的负面影响。其表现为工作协作中有意不配合，疏远同事，甚至有意给同事设置障碍等。冷淡的问题不及时处理就会演变成团队"冷暴力"，导致整个团队人际关系恶化，人心背离，缺乏战斗力，极大地影响团队绩效。不少人因为办公室里的"冷暴力"备受打击，难以负荷就会选择辞职离开，对公司来说，显然这也是造成人才流失的一大重要原因。

五、自卑——最无力无能的表现的负能量

因为担心在团队得罪人，又担心做错事被领导批评，所以做起事来总是畏畏缩缩，前怕狼后怕虎，什么重任都不敢承担。这样的人其实也不会受欢迎，在团队协作中，大家更喜欢与自信、有担当的人合作。而对于老板来说，你的自卑在他看来很可能就是能力不足，往后必定难受重用。

六、妒忌——最禁锢自身发展的负能量

"凭什么这机会又给了他？他都主管了，还想怎么样啊？"在这个只以成功论英雄的社会里，工作中的竞争常常变成了妒忌。别人的进步和优势让自己脸上无光，立马心生恨意。竞争中必有强弱之分，但想要自己的综合竞争力变强，就要从自身修炼开始，一味地敌视别人的进步和优势，反而会让自己陷入负面情绪，对自身发展不利。

面对高压的工作、堆积如山的事务、千丝万缕的人际关系、竞争激烈的商业竞技，职场人在工作着的每一分钟里都如同在战斗。

如发现自己陷在"负能量"里长时间拔不出来，很有必要重新检视你的职业定位，分析得失和利弊，对个人职业规划进行微调，让计划跟上发展的步伐，才能让自己游刃有余。

如果是发现自己根本不喜欢这份工作，那么就很有必要重新进行职业定位，重新梳理你的核心竞争力，找到新方向后再继续前进。

13 教你一个比时间管理 更重要的思维方法

前段时间，我新推出了一个美语训练的项目，当中有一个专门解决基础发音的训练。有个女孩看了介绍之后，很感兴趣，于是来找我咨询。我简单解释了一下训练方法和流程，了解完之后，她突然问道："训练营有多少课时？"这个问题倒是有点出乎我的意料，因为训练营的目标是解决发音问题，这个过程需要多少时间与学员的基础和努力程度有关，没有什么课时的概念。在我看来，她真正需要关心的应该是问题能不能得到解决，而不是多少课时。不过，她的这个问题倒是让我想起了几年前读到的一个让我印象深刻的故事。

有一家电厂遇到了一个严重的技术问题，一次故障导致了发电量下降并降低了整个电厂的运行效率。电厂的工程师虽然尽了最大努力，但还是没能找到问题所在，无法恢复应有的供电水平。于是，他们请来了一位全国顶尖的核电厂建设与工程技术顾问，看看他是否能够找到问题所在。

顾问到了之后，就去工作了，在之后的两天里，他四处走动，在监控室里查看了数百个仪表和仪器，记录笔记，并且进行着计算。第二天结束的时候，顾问从口袋里拿出一支黑笔，在其中的一个仪表上画了一个大大的黑"×"。"这就是问题所在，"他解释说，"把连接这个仪表的设备修理、更换好，问题就解决了。"电厂的工程师们照做之后，发现问题果然解决了。

一周之后，电厂经理收到了"服务"账单，费用为10000美元。经理对账单数目很吃惊，他想这个顾问只不过在这里转了两天时间，怎么费用就那么高呢？于是，他回信让顾问注明一下收费明细。过了几天，经理收到了一份费用清单，上面写着："在仪表上画'×'：1 美元，查找在哪里画'×'：9999 美元。"

这个故事我一直牢记于心，因为它让我深刻明白了一个道理，创造价值的关键在于解决问题，解决问题的核心则在于找到问题的关键点。

很多人会习惯性地用时间长短来作为价值的判断标准，这个故事中的电厂经理便是如此，他之所以会对 10000 美元的账单感到如此惊讶，是因为顾问只花了两天时间，他觉得两天时间 10000 美元太贵了，但我相信，如果这个顾问花了一个月的时间来解决问题，电厂经理可能就不会对这个账单感到惊讶了。可是，他却没有意识到，自己真正需要的不是更长的服务时间，而是问题得到解决，而且时间越短越好，他是在为解决方案付费，而不是为服务时间付费。

如果我们把故事场景换成医院，那么就更好理解了。我们去医院愿意花更多的钱去找专家看病，不是因为专家会在我们身上花更多时间，而是因为专家能够在更短的时间内，更精准地做出病情的诊断，这才是专家和普通医生的关键区别。所以，时间不是重点，重要的是，问题能否得到有效解决，同样，高效的关键也不在于对时间进行更好的管理，而在于能否快速地找到问题的关键点。

有朋友曾经问我为什么能一个人做那么多事情，而且还安排得如此井井有条，当中的秘诀到底是什么？我猜她应该想我能告诉她一些时间管理上的技巧，但实际上，我并没有什么时间管理技巧，我的秘诀很简单，那就是做减法和抓重点，永远只把时间和精力花在那些最重要的，对结果有着关键影响的事情上。我在工作中喜欢以结果为导向，所以在做任何事情之前，我都会问自己为什么要做这件事情，它最终是为什么结果服务，它是否属于那些对最终结果起着至关重要作用的那"20%"，如果不是，那么它就是一件没有太多价值的事情，我便不应该在这件事情上花时间。

我其实并不喜欢自己太忙碌，也不要求自己把所有时间都充分利用起来，因为我很清楚我追求的不是忙碌，而是有效，忙碌并不意味着有效，只有那些能够帮助解决问题或者达成目标的行为才是有效行为。我甚至会刻意给自己留出很多空白的时间，因为我需要时间去思考行动的方向。

相信很多人都有这样的感觉，自己每天都特别忙碌，可是时间花了却并没有得到应有的效果，主要原因就在于，我们把大部分时间都花在了那些不重要，对结果影响不大的事情上了。很多时候，我们甚至都没有仔细想过忙碌的目的是什么，也不清楚最终要得到一个怎样的结果。如果没有明确的目标和结果，我们很难评判自己行动的有效性，也就不知道自己忙得是否有意义。其实，真正重要的事情并没有那么多，如果我们能够把握问题的关键，就能做到事半功倍。

有人可能会说，我理解二八原则，也明白应该把时间花在那些最重要的事情上，但问题是我不知道哪些才是对结果起决定作用的重要事情。这并不奇怪，因为找到关键点本来就不是一件容易的事情，它要求我们对相关事物的底层规律有足够多的认知，能够透过现象看到本质，并准确地分析和判断各因素之间的逻辑关系。这些都是需要通过不断学习和思考才能获得的能力。

虽然这些能力与个人知识结构、对事物规律的理解，以及逻辑推理能力有着很大关系，而这些都是需要时间来积累的，但是有一个方法却能帮助我们快速提升效率，避免做无用功，这个方法很简单，你只要在做任何事情之前先问自己以下三个问题就好了：

1. 明确问题：我真正要解决的是什么问题？

很多人在做某件事情的时候其实并不知道自己真正要解决的是什么问题。我们之所以想做这件事情，是因为大脑感觉到了某种"危机"，并在潜意识中完成"直觉推理"，确定了"解决方案"，然后给我们发出了行动指令。但问题是，大脑是非理性的，它提供的方案并不一定就是有效方案。这个时候，我们就需要弄明白自己真正想要解决的问题是什么。

问自己为什么要做这件事情，你得到的第一个答案可能还不是最终答案，这个时候你就需要继续问为什么，直到你确认这个问题就是自己真正要解决的问题为止。

2. 明确结果：我想要得到一个怎样的结果？

明确了问题之后，我们就需要思考，自己想要达到一个怎样的结果，满足什么样的条件，这个问题才算是解决了。只有当我们有一个明确结果的时候，我们才能对行为的有效性进行评判，否则我们的努力就会变得很盲目。

3. 确定行动方案：那件最重要的事情是什么？

在明确了问题和想要的结果之后，我们就得问自己此时在做的这件事情对于最后的结果是否有意义，如果没有，那么就应该停止做这件事情，然后继续问自己，影响结果的关键点是什么，或者为了要达到这个结果，我们需要做的那件最重要的事情是什么？

不过，我们需要意识到的是，我们对于关键点的把握不一定正确，这与我们的思考和判断能力有关，但是这个思考过程至少能够把我们引上一条正确的道路，帮助我们避免盲目的、无目的的行动。

　　如果我们根据这三个问题去反思自己现在在做的所有事情，我们就会发现，其实并不是所有事情都值得我们去做，而有些值得去做的事情我们却没有花时间去做。当我们将那些无效行为从自己的生活中除去，把时间和精力放在那些对结果有着重要影响的事情上，自然就会变得越来越高效。

14 当今社会善良不应该
　　成为稀缺品

　　之前微博有个小短片，浙江宁波慈溪一位四年级小男孩在公交车上短短 12 分钟连续 4 次让座，迅速成了"网红"。

　　他的善举获得了无数网友的点赞，但赞美声中也偶有一丝杂音："这孩子啊，太善良了。"

　　善良，从字面来理解绝对是一个褒义的词语，在这里却明显有了贬义的意味。

　　善良，是中华民族绵延数千年的传统美德。与人为善，是我们一直以来主张并倡导的人际交往原则，这些思想和理念植根在人民群众的内心，潜移默化地影响着我们的思维方式和行为方式。

　　"出入相友，守望相助"。善良，不是毫无原则的退让；善良，也不一定要倾其所有去付出。

　　善良，是设身处地站在他人的立场上体谅他人的处境；是当别人有难处时下意识地，出于本能地伸出援手，而不会计较得失，索取回报。

　　生活中不经意的一个小小的善举，往往会帮他人化解尴尬、渡过难关。对于濒临绝境的人来说，一次及时的善良相助，有可能改变他一生的命运。20 多年前，仙居人戴杏芬收留了 3 个落魄的年轻人一晚。其中的何荣锋深受感动奋发图强，如今成了身家上亿的老板。

　　善良，让平凡的生活处处充满温暖与感动。善良，让我们在不尽如人意的处境中有了坚持和奋发的勇气。

　　也许生活不是处处美好，但这不应该成为我们质疑甚至否定善良的理由。

　　无论什么年代，善良不应该成为稀缺品，而应该被赞美和广泛推崇。一个人的善良也许不会对社会产生立竿见影的效果，但是善良于一个民族而言会产生推动社会进步的强大精神力量。

15　短视频正悄无声息地
　　侵蚀着我们的思想

　　随着这几年网络的快速发展，网上出现了很多的视频拍摄，并应运而生了很多的视频软件和视频发布及观看平台。抖音就是其中之一，而它能在众多的同类视频软件中脱颖而出，甚至能持续存在这么长的时间，那是有一定道理的。作为一个视频软件，它有很多的优点。

　　一、它里面的视频时间通常很短，有的一分钟，一般是十五秒。这就表示，人们只要有个几分钟的空闲时间就可以看好多个视频，然后看了一个，就忍不住想看下一个，最后不知不觉就浪费了很多的时间。

　　二、不能自主选择，只能上下滑动。后台可以根据你的爱好来给你推荐，但是你不能自主选择你想看的东西，这就导致在看视频的时候你只能上下滑动看。而向下滑的话是你已经看过的视频，向上滑的话是没看过的视频，但其中也有你不感兴趣的视频，你可以一滑而过。可是这样照样会给视频作者带来浏览量，浏览量越多，红的机会越大，毕竟现在很多人都是因为想红才去拍视频的。

　　三、视频制作简单。这里面的视频不需要专业团队来弄，说直白了，只要是个会用手机的就会制作里面的视频。人人都可以发视频，这就表示里面的视频内容不会缺乏，随时看，随时更新。

　　可是，这样的视频软件普及面越大，里面就越容易鱼龙混杂。而视频面对的人群有一部分是三观还未健全的未成年人，里面的视频很容易就会对未成年人造成很不好的影响，甚至是扭曲他们的三观。

成长于互联网时代的青年，拥有更开放的心态、更多元的思想，对于互联网风潮不会是"无感"的。而且短视频主要目标用户正是 80 后、90 后，青年对其产生兴趣，也在情理之中。然而，短视频作品泥沙俱下、良莠不齐，如果不加甄别、丧失警惕，就可能在一次次"短暂的视觉冲击"中，让价值观念与思维方式受到无形冲击，甚至在跟风模仿中迷失方向、误入歧途。

青年朝气蓬勃、风华正茂，理应让青春闪耀"奋斗""奉献""担当"的明媚亮色。感受新鲜事物、进行适度娱乐，固然无可厚非，但最起码，应保持清醒克制，明辨是非黑白，培养高雅格调，不能受到网络负能量的浸染侵蚀，不能让"短暂的视觉冲击"造成观念的错位、信念的动摇。

16　神奇的"墨菲定律"

"墨菲定律"与"帕金森定律""彼得原理"并称为 20 世纪西方文化的三大发现。

发现这一定律的人既不是哲学家、文学家，也非科学家，而是一名工程师，是他偶然间的灵感。

爱德华·墨菲是美国空军基地的上尉工程师。

在一次实验中，不可思议的事情发生了：有人竟然将 16 个装置全部装在了错误的位置。

于是墨菲做出了这一著名的论断：凡事可能出岔子，就一定会出岔子。"墨菲定律"告诉我们，只要有这个可能性。

比如你衣袋里有两把钥匙，一把是你房间的，一把是汽车的。

如果你现在想拿出车钥匙，会发生什么？

是的，你往往是拿出了房间钥匙。

墨菲定律的适用范围非常广泛，它揭示了一种独特的社会及自然现象。

它的极端表述是：如果坏事有可能发生，不管这种可能性有多小，它总会发生，并造成最大可能的破坏。

这一定律很快传播开来，并广泛应用于各个领域，其内涵被赋予无穷的创意，出现了众多的变体。

其中最出名的是以下 29 条：

1. 别试图教猫唱歌，这样不但不会有结果，还会惹猫不高兴。

2. 别跟傻瓜吵架，不然旁人会搞不清楚，到底谁是傻瓜。

3. 不要以为自己很重要，因为没有你，太阳明天还是一样从东方升起。

4. 笑一笑，明天未必比今天好。

5. 好的开始，未必就有好结果；坏的开始，结果往往会更糟。

6. 你若帮助了一个急需用钱的朋友，他一定会记得你——在他下次急需用钱的时候。

7. 有能力的——让他做；没能力的——教他做；做不来的——管理他。

8. 你早到了，会议却取消了；你准时到，却还要等；你迟到，就是真的迟到了。

9. 你携伴出游，越不想让人看见，越会遇见熟人。

10. 你爱上的人，总以为你爱上他是因为：他使你想起你的老情人。

11. 你最后硬着头皮寄出的情书，寄达对方的时间有多长，你反悔的时间就有多长。

12. 东西越好，越不中用。

13. 一种产品保证 60 天不会出故障，等于保证第 61 天一定就会坏掉。

14. 东西久久都派不上用场，就可以丢掉；东西一丢掉，往往就必须用它。

15. 你丢掉了东西时，最先去找的地方，往往也是可能找到的最后一个地方。

16. 你往往会找到不是你正想找的东西。

17. 你出去买爆米花的时候，银幕上偏偏就出现了精彩镜头。

18. 另一排总是动得比较快。你换到另一排，你原来站的那一排，就开始动得比较快了；你站得越久，越有可能是站错了队。

19. 一分钟有多长？这要看你是蹲在厕所里面，还是等在厕所外面。

20. 计划没有变化快。

21. 欠账总是要还的。

22. 作恶总是要遭报应的，现在未报，不是不报，只是时候未到。

23. 该来的总是要来的。

24. 明天又是一个新的开始。

25. 你越是害怕的事物，就越会出现在你的生活中。

26. 往往等公车太久没来，走了的人，刚走公车就来了。

27. 关键时刻掉链子。

28. 越想要什么就越得不到什么。

29. 人出来混，总是要还的。

墨菲定律应用广泛，有人说，只要你还在呼吸，就用得着这条定律。这也是它被誉为 20 世纪最重要的发现的原因。

17 扔掉过分的欲望

1845 年，美国作家梭罗只身来到瓦尔登湖，自己搭建了一间小木屋。

独居两年零两个月零两天后，他悟出了这样一个道理："如果一个人，能满足于基本生活所需，便可以更从容、更充实地享受人生。"

苏轼，一生坎坷，宦海沉浮。

他被贬黄州时，一日与友人共游南山。友人招待野菜，苏轼尝后，不禁慨叹："人间有味是清欢。"

现如今，有很多人渴望拥有更多，然而，返璞归真，才能让自己清空杂念，过简单清爽的生活。从物质到精神，人生的每个维度都可以删繁就简。

随着你定期扔掉不需要的东西，你会越来越清楚：什么才是你真正在乎的。

1
放弃无用的社交

在网上曾经看过这样一条戳心的评论：到了一定年龄，必须扔掉四样东西——没意义的酒局、不爱你的人、看不起你的亲戚、虚情假意的朋友。

我曾遇到过这样一类人，总是将"人脉"二字挂在嘴边，最大的爱好就是炫耀自己有多少微信好友。

刷朋友圈时总能看到：今天他又参加了哪些大咖的聚会，昨天又在 KTV 的某某包厢喝到不省人事，不管是什么酒局都能看到他的影子。

然而，所谓的人脉，不是集邮，并不是靠几次酒局就能建立起来的。

更多时候，你会发现，自己付出时间和精力去维护的，都是无用的社交。

你花尽心思想要从你认识的人中榨取利用价值，到头来也许会发现：人家根本没把你放在眼里。

作家李尚龙说："如果你自己不强大，那些社交其实没有什么用。只有等价的交换，才能得到合理的帮助。"

有时候，那些不那么擅长交际的人，反而显得可爱。出道这么多年，梁朝伟很少传出过负面新闻。

他不喜欢交际应酬，总是和外界保持着一定的疏离感。

张国荣在访谈上曾经这样提到过梁朝伟："伟仔是一个很怪的人。我、王菲等一帮朋友经常在他家打牌，大家玩得不亦乐乎，只有伟仔不参加。他竟然一个人躲在一旁喝茶。"

一拍完戏，大家出去喝酒唱歌，梁朝伟却总是一句："你们玩，我回家。"

内向又不爱交际的他，却在自己的世界里活得有声有色，比任何人都享受独处。

他喜欢读书，从沈从文、村上春树、三岛由纪夫，读到劳伦斯·布洛克。

他会自己买张票去中央公园看雪景。

他没事的时候就在片场放烟花，最喜欢做的事就是看流星。

他还专门请了在英国教王室画画的老师教他画画，从中体悟生活。

他甚至上了 4 天 3 夜的禅修班，在简陋的房屋中感受自己。

杨绛先生说：世界是自己的，与他人无关。而梁朝伟正是将这种简单活到极致。

美国埃默里大学教授马克说过："一个人成熟的标志之一，就是明白每天发生在我们身边99%的事情，对于别人而言根本毫无意义。"

放弃无用的社交，把更多的时间留给自己和家人。

专心做自己喜欢做的事，因为人生最曼妙的风景，是内心的淡定与从容。

2

扔掉过分的欲望

美国哈佛商学院研究发现：幸福感强的成功人士，居家环境往往干净整洁；而不幸的人通常生活在凌乱和肮脏中。

物欲太过强烈的人，反而容易不快乐。

《孟子》中有这样的成语：心为物役，指的是人的精神世界和精神追求退居第二位，而为物所累的欲望占据了第一。什么都想占有、什么都舍不得扔的人，内心充满了贪婪与恐惧，而爱与幸福却找不到相应的位置。

其实在现实中，我们的生活里有很大一部分东西都是我们不需要的，甚至完全可以说是垃圾和废物，但我们却从来没有想过如何去处理它们。

然而，梭罗说：一个人，放下的越多，越富有。

不如学会断舍离，清空环境、清空杂念，重新拿回驾驭生活的主导权，而不是沦为被生活驾驭的奴隶。

断舍离是日本咨询师山下英子提出的概念。

断＝断绝不需要的东西，舍＝舍弃多余的废物，离＝脱离对物品的执着。

对待诱惑，不要因为便宜就去买一些自己并不需要的东西，而是买一些质量上乘、真正适合自己的物品。

对待生活，定期整理房间，丢掉不再适合自己的物品，人生就不会有那么多烦恼。

3

过滤多余的信息

最近，我觉得自己患上了手机焦虑症。

每天早上一睁开眼睛，第一件事就是找手机。

打开微信，将朋友圈刷到没有新动态为止。

打开微博，看热搜榜单上的明星又出了哪些绯闻。

打开知乎，看今天又有哪些人分享了他们新编好的故事。

作家采铜说：我们已经须臾离不开手机，我们会在任何时间不由自主地滚动屏幕；我们会为每天冒出来的各种热点各种奇闻怪事而亢奋；我们已经沉不下心来好好读完一本书；我们已经不去想上个礼拜自己曾经做过什么；我们和其他人众口一词一遍遍重复着网络新词汇；我们对广告长度和软度的忍耐力越来越强；我们不知道除了被别人投喂信息之外还能怎样学习、怎样思考……

我们的思维，已经被过量的信息给堵塞住了。

太多的信息，以碎片的形式存在脑子里，没办法系统运用，到头来只会让自己对所有的事物浅尝辄止。

最可怕的是，我们关注明星的八卦、关注别人的私事，甚至多过了关注我们自身。

那些毫无意义的八卦、充满戾气的评论、浮于表面的论断，不仅会左右我们的判断，还会让我们充满焦虑。

我们需要的是一种深度思考、适当放空、化繁为简的能力，这需要我们学会过滤多余的信息。

几条建议：

精简信息输入的源头，减少使用社交网络，戒掉没事就刷朋友圈、微博的习惯；

减少关注娱乐、社会新闻的次数，关注的对象宁缺毋滥；

比起短时间内看很多本书，不如将一本书重复读上3遍，每一遍你都会有不一样的体验。

给信息分门别类，善用工具，例如云盘、印象笔记、有道笔记，快捷方便地存储有用的信息。

搭建属于自己的阅读、学习体系，学会提问、学会深入思考问题，拒绝人云亦云。

身处知识信息过载的时代，唯有化繁为简、为我所用，才能沉淀，专注于真正重要的事情。

这个世界太过浮躁喧嚣，容易让人迷失自己。

所以当你很想改变，却又无从下手时，不如从定期扔这3样东西开始。

18　本事都是逼出来的

生于忧患，死于安乐。

01

知识管理的道理其实很简单，通俗点说就是借鉴之前的经验教训，将当前和未来的事情做得更好（更快、成本更低……）。

理解知识管理的人，大概没有人说这个方式不好，所以有许多人问过我一个问题："为什么大部分中国的企业不做知识管理，或者即便做也做不成？"我也疑惑了好多年，但想明白了也就释然了！

其实原因很简单：大部分企业（当然还包括政府学校医院等非企业机构），它的根本竞争优势不靠知识和相关的能力，而是靠其他的因素就过得很好，所以为什么要去做知识管理这样费力还不讨好的事情？

你辛苦几十年做设计做工艺却发现还不如买两套房子啥也不干等升值来得快，那大部分人都会选择后者。

如果有大量的"韭菜"可以收割，产品和服务差点用户也根本不关心，那为什么要去提升产品的稳定性、安全性？为什么要去做更好的服务？

这样的需求下谁还有动力去做更高质量的产品和服务？

如果辛辛苦苦研发设计生产出来的产品很快就被仿造，可能你下十年的功夫做的产品被人家一晚上抄走，你还没什么办法。那只有"傻子"才会去下功夫去做设计做原创。

最早关于调整经济结构的提法是在 20 世纪 80 年代，国家层面和社会的层面都知道、认可我们应该去做更有价值当然也是更难的事情，譬如基础的研发、质量的提升、人才的培养，只有这样才能够持续发展，才能有后劲。

02

当一个小男孩开始注意自己的外表、对脸上偶尔冒出来的痘痘耿耿于怀的时候，证明他快到青春期了，开始关注异性也注意到异性对他的关注了。

即便宿舍邋遢得不像样，但要出去约会时一定也要西装革履，穿上自己最帅的那件衣服，皮鞋擦得锃亮，这是大学生。

一个不修边幅的中年大叔开始注意自己的容颜，没事喜欢照镜子，出门必须捯饬很长时间；某位女士打扮越来越时髦，化妆花的时间显著增加，每天脸上洋溢着莫名其妙的笑容。

按照搜索引擎的提示，这都是出轨的信号！

不论是少年、青年还是中年，为了在异性面前展现自己最好的一面，人们都愿意花更多的时间去美化自己。其潜在的动机是想在异性面前留下更好的印象，以便于增强自己的吸引力。

当有人说要到你们家去拜访一下时，通常大家也会突击打扫一下，以求在外人面前有良好形象。

当你初入职场找到自己的第一份工作时，大部分人都战战兢兢，生怕自己做不好捅出什么娄子。在开始的时候，每个人都使出浑身解数，尽量将工作做好，以期在领导、同事心目中留下美好的印象。

在开始工作的时候，大部分人有自己的师傅和领导，他们分配给你具体的一些活动让你去完成，这些活动通常属于一项具体任务或项目的某一片段和部分。

譬如一个市场专员，在某个大的市场活动方案确定后，被分配去联系嘉宾或者记者；程序员可能被要求去做某个功能或者函数的编码。

在这个阶段，大部分人可能都搞不清楚整个任务和项目的全貌是什么，能够完成自己这一部分就很有成就感了。

随着工作时间越长，积累的经验越多，新手成老手，这个时候有机会去负责整个任务和项目。在这个阶段，最重要的不是去完成某项活动而是去设计任务和项目实现的方式、方法和方案。

大部分职场人在前期都是被动的，被各种活动、任务和项目追着走，为了完成绩效考核，为了不掉链子，为了让领导看到自己的能力等等。

在这个被动的过程中，每个人都得以成长和发展。从新手期到胜任期，基本上是这个过程。

大部分的人如果工作时间足够长，都会主动或被动适应自己工作环境的要求，成为一个能够完成核心工作的人。

这个过程，基本上是被动的：如果你达不到这个要求，会被社会、家庭"强迫"！

03

今天，简单粗暴的增长模式已经不灵了，要想真正地"突破重围"，各类机构都必须去做真正有价值而且不容易的事情。

各种人才也必须提升自己的能力，参与到真正创新和提升效率的工作中来。

当然，这也要求社会的治理机制要能够配套相应的制度、规范和法律。这种外部需求的拉动，如果能够用好，对于企业、个人都是一种"逼迫"的力量，这种力量会让许多产品、服务脱颖而出。

当然这个"逼迫"的过程一定不舒服，会痛苦不堪，甚至有人、机构会被"逼死"成为炮灰，但那能怎么办呢？

当然，也有许多人、机构在外力的压迫下沦陷，成为社会进步的成本。

希望我们能有幸成为幸运者：凤凰涅槃！

对于个体来说，大环境我们改变不了，自己能做的就是真正下功夫去追求有价值的东西，努力在你的领域做到顶尖水平！

这样无论风云如何变化，都能保证自己有一碗饭吃，而且吃得越来越好！

19　拒绝平庸

正如富兰克林曾经说过："平庸的人最大的缺点是常常觉得自己比别人高明。"这个世界分工极为精细，任何一个人，在这个社会的运转过程，扮演的角色都不同，每个人都掌握着属于他们的知识、经验和见解。但就是有一些人，觉得什么都会，样样都精通，自己给自己加上拒绝学习的枷锁，自己给自己蒙上看不见光明的眼罩。于是固步自封，闭门造车，遇到有人反驳他，立即开启防护模式，把整个身体胀得像刺猬一样。

这大概是大部分大学生的状态吧，心中没有目标，缺乏兴趣爱好，对自己缺乏了解，不知道自己想要的生活是什么样的。再加上自己的意志力薄弱，便会一步步被游戏、小说、睡觉这些安逸的诱惑逐渐蚕食，浪费了许多时间和精力，人也会变得越来越懒，恶性循环，便一步步走向平庸。

我们都在迷茫，迷茫的原因只有一个，本该拼搏的年纪，想得太多，做得太少。

现代职场中分工很细，不少人的工作是处理分内的事，但真的只是做好分内事，是走向平庸的第一步，自以为什么事情都懂，其实在职场中渐渐地被淘汰，都不得而知。

在职场中永远没有一劳永逸的说法，就算掌握了工作中的知识和技能，足以应付手头的工作，市场日益变化，你手里的技能也会慢慢被淘汰，人唯有承认自己非全能，才能具备遇到问题，多问为什么，见到有趣的人，多尝试与之交往的心态。如果你觉得自己什么都懂，因而放弃更新自己的话，很好，你已经朝平庸迈进了一大步。

　　为什么变得如此平庸，曾经骄傲优秀的少年哪里去了。经历了高考，发现自己不是很聪明那种类型的，拼命努力也只不过勉勉强强刚过一本线，想起了一个初中同学对我说过，不管我怎么努力就是学不会啊，看不懂。倒是隐约明白一些，有些差距是努力弥补不了的。

　　在工作中渐渐走向平庸，表面上是难以专注于工作，最终原因还是没有找到自己的职业定位。环境变化很快，要随时重新定位自己，审视自己，找到真正适合自己的那份职业并为之努力，才有机会摆脱平庸，在职场中有所发展。

　　每个平凡的人生中都肯定存在非同寻常的成长历程，而只有在不断成长中，才会领会到人生的真谛。

20 传承国学经典文化的
当代意义

国学，以先秦经典及诸子百家学说为根基，涵盖了两汉经学、魏晋玄学、隋唐道学、宋明理学、明清实学和同时期的先秦诗赋、汉赋、六朝骈文、唐宋诗词、元曲与明清小说并历代史学等一套完整的文化、学术体系。中国历史上"国学"是指以"国子监"为首的官学，自"西学东渐"后相对西学而言泛指"中国传统思想文化学术"。

关于国学的定义，除基本定义外，在具体的定义上，到目前为止，学术界尚未做出统一明确的界定。

一般来说"国学"又称"汉学"或"中国学"，泛指传统的中华文化与学术。国学包括中国古代的哲学、史学、宗教学、文学、礼俗学、考据学、伦理学以及中医学、农学、术数、地理、政治、经济及书画、音乐、建筑等诸多方面。现"国学"概念产生于19世纪，当时"西学东渐"改良之风正值炽热，张之洞、魏源等人为了与西学相对，提出"中学"（中国之学）这一概念，并主张"中学为体，西学为用"，一方面学习西方文明，同时又恢复两汉经学。

国学涵盖很广，先秦诸子百家学说是共存共鸣的，没有主从关系，如果按时期所起作用而论，各家学说在各个时期都发挥着或显性或隐性的作用，只是作用的领域不同而已；自汉武帝"罢黜百家，独尊儒术"后在思想教化领域起主流作用的是儒家，但其他各家学说也在不同的领域发挥着重要作用，比如政治领域的道家与法家，军事领域的道家、兵家，医学领域的道家、医家，还有其他各领域的各家（名家、墨家、农家等等），某一领域起主流作用并不代表全部。所以，国学的各个学派学说并没有主从之分，并不存在以哪一家学派学说为主体。

"国学"这个概念中国历史上就有，北京国子监《周礼》里面就有，《汉书》《后汉书》《晋书》里面，都有"国学"的概念。唐代也有，你看庐山下面有个——现在也还叫——白鹿洞书院，这个书院最早是南宋朱熹把它建成，成为当时的"四大书院"之一。但是在朱熹之前，这个地方不叫白鹿洞书院，而是叫"白鹿洞国学"。白鹿洞国学是个什么意思呢？是所学校。可见，在中国历史上，"国学"这个概念是有的，"国学"这个名词是有的，但历来讲的所谓"国学"，都是指"国立学校"的意思。明初设中都国子学，后改为国子监，掌国学诸生训导的政令。国子监设有礼、乐、律、射、御、书、数等教学科目。

国粹学报

近代以来所谓"国学"一词，有学者认为源自日本，江户时代中期日本思想界一部分人，如荷田春满等提倡对日本的古代典籍进行研究，以探明本土固有的文化，遂有"国学"之称。"五四"运动期间，陈独秀等发起新文化运动，将中国的落后挨打归罪于两千年来的封建制度，反对孔子学说和四书五经中落后和伪造的部分。但胡适等人在运动后期则针对性地提出"整理国故"口号，主张"研究问题、输入学理、整理国故、再造文明"，力图从中国传统文化中寻出中西文明的有机结合点，为中国的新生寻找出路。1934 年，章炳麟在苏州创办章氏国学讲习会，对国学做了总结性的讲解。章炳麟的几次演讲经过记录整理，出版了《国故论衡》《国学概论》《章太炎国学演讲录》等书，在上世纪二三十年代影响很大。章炳麟所谓的国学分为"小学""经学""史学""诸子""文学"五部分，由此可以看出他对国学范围的界定。此外，胡适、顾颉刚、钱穆等人也有关于"国学""国故""国粹"的种种论述。自"西学东渐"之风后，为了区别开"西学"与"中国之学"，便产生了现"中国传统思想文化学术"这个国学概念。1949年新中国成立后，"国学"作为一个口号或名词已基本消失。只是到上个世纪80年代后，随着"爱我中华"之风日炽和"中国崛起"口号之响起，尤其是"孔子学院"在海外的遍布和祭孔大典在国内的连续上演，"国学"又在海内外以前所未有的热度火起来。

含义解读

何谓国学？这个词的含义有不同的解读，社会上尚未有统一的认识。有学者认为国学无论是古代的还是现代的，凡是中国的文化学术都属于国学；亦有学者认为国学是专对治国理政而言的，国学特指"治国理政"之学。但无论怎样，有两点是可以确定的：

一、国学的基本定义是什么？

"国学"现在的含义是"西学东渐"后相对"西学"而言的，所以国学无可争议是"中国固有的文化学术"。

二、国学门类宽泛复杂，有无主从之分？

国学是以先秦诸子百家为根基的，先秦诸子百家百花齐放、百家争鸣，并无主从关系；如就各时期所起作用而论，诸子百家学说在各时期各相应领域都起着重要作用，也说明诸子百家学说并无主从之分。

现在一般提到的国学，是指以先秦经典及诸子学为根基并涵盖后期各朝代的各类文化学术。因此，广义上，中国古代和现代的文化和学术，包括中国古代的历史、思想、哲学、地理、政治、经济乃至书画、音乐、易学、术数、医学、星象、建筑等都是国学所涉及的范畴。"国学"之名，始之清末。其时欧美学术进入中国，号为"新学""西学"等，与之相对，人们便把中国固有的学问统称为"旧学""中学"或"国学"等。国学也可以指中国古代学说。其中的代表是先秦诸子，先秦诸子的思想及学说对中国的传统文化具有深远的影响。它们形成了兵家思想、法家思想、墨家思想、儒家思想及道家思想等。这些思想从各个不同的方面论述如何治理国家。对历朝历代的统治者都有很深远的影响，慢慢形成了中国的传统文化观念。

近年来，谈国学的人渐多，似乎不谈国学不能称为国人。可是，近些年谈国学的人，一谈国学就说儒家之学（简称儒学），以为除了儒学，就没有国学；或是认为，只有儒学才是真正的国学。

《说文解字》："儒，柔也，术士之称。从人，需声。"徐灏《说文解字注笺》："人之柔者曰儒，因以为学人之称。""儒"本是鄙称，儒家这一称号不是孔子自家封号，而应是墨家对孔子这一学派的称呼。因此古代通常以"儒"称学者，如《字汇·人部》："儒，学者之称。"以"儒"称谓儒家，只是古代的一种用法，如《汉书·艺文志》："儒家者流，盖出于司徒之官，助人君，顺阴阳，明教化者也。游文于六经之中，留意于仁义之际，祖述尧舜，宪章文武，宗师仲尼，以重其言。"

也就是说，儒家学说是古代服务于帝王统治的教化学说，并不是站在老百姓的立场而为老百姓服务的学说。因此，如果以儒家来代表中国传统文化，实际上是将中国传统文化完全看作古代专制主义或为古代专制主义服务的思想的代名词。当然，并非全盘否定儒家文化，而是说，如果将中国传统文化全部或是主要看作是儒家文化，不仅全盘否定了中国传统文化的优良传统，而且也将儒家文化中积极的因素给否定了。这显然不符合中国传统文化的本来面目，更不是当代弘扬中国传统文化的主旨所在。

国学，顾名思义，就是国家之学，也是国人之学。古代中国的国家观念是不断变化的，但无论怎么变化，都可以称之为中国或华夏。也就是说，国学应当是中国或华夏历朝历代学术文化之总称。从历史来说，国学不能局限于儒家之学，先秦时期百家争鸣，儒学只是与道、墨、法等诸家相并列之一家学说。

国学经典是中华传统文化的文学瑰宝，具有传承价值。传承国学经典的意义巨大，学习国学经典能够让我们每个人的精神、人格等方面更加完善健全。

一、传承美德

传统经典中承载的"仁义忠恕孝悌礼信"的道德伦理观，构成中华传统文化的核心价值体系，对于我们处理人与人、人与社会、人与自然的关系，至今仍具有现实指导意义。通过学习，让这些传统美德根植于少年幼小的心灵，提高他们的人文素养，孕育纯朴的民风，具有重要的现实意义。

"我是家里的独生子，以前在家吃饭很挑剔，自从读了《治家格言》中的'一粥一饭，当思来之不易；半丝半缕，恒念物力维艰'的语句之后，我更加明白了'谁知盘中餐，粒粒皆辛苦'的道理，吃饭时即使掉在桌子上一粒米也要捡起来吃掉。"由于大多数学生都是独生子女，自私、任性、不懂礼貌等现象在学生中比较普遍，孩子们接受国学教育之后，会变得更加谦让、团结同学、尊重师长。国学经典让传统文化走进孩子的日常生活，走进他们的家庭，规范着他们的日常行为，成为孩子们成长路上的"指南针"。

二、健全人格

孩子们从小接受这样的熏陶，国学经典将在他们心里埋下种子，随着他们慢慢长大，会与他们形影相随，对他们的一生都将产生积极影响。

如今，外来文化、网络文化等所谓"流行文化"对孩子们的影响越来越大，不少孩子不但在文化素养方面出现严重的"营养不良"，还不同程度地表现出浮躁、自私、好逸恶劳等不良心态。让他们在传统文化的滋养中成长，健全人格，培育民族精神，非常有必要。

三、陶冶情操

优秀的古典经文意存高远，可以培养孩子们的古典文化底蕴和优雅情怀。其中不仅有文学，还蕴含着美学、哲学。用这些优秀的传统文化资源充实孩子，就是给了孩子们一把开启心智的钥匙。

经典著作是我们民族文化教育精神的一个庞大载体，是我们民族生存的根基。为了使孩子们能够从小就汲取优秀传统文化中的营养，继承和发扬中华民族的灿烂文明，实现人的全面发展，必须弘扬国学。

四、铸造精神

传统的课堂教育侧重于知识与意识形态教育，而缺失最大的一部分就是对学生的人文教育和传统文化教育。让学生徜徉于国学经典之中，感受着祖国传统文化的巨大魅力。在学生心灵最纯净、记忆力最好的时候接触独具智慧和价值的经典，会逐渐培养其人文精神。

五、提升智力

《论语》《孟子》《老子》《庄子》《古文观止》《唐诗》《宋词》《孙子兵法》，这些经典著作高度浓缩了中华五千年文明的精华，包含了中华民族生存的大智慧，让孩子从这些经典中汲取营养，用经典智慧的钥匙开启现代各学科知识的宝库。

国学是传统文化的代表，国学文化经典是中华民族的文化之根，民族之魂，是中华民族的标志，是中华民族的骄傲，也是全人类弥足珍贵的精神遗产。

21　我们都长大了，
　　有些东西也跟着丢失了

如今，我们都长大了，有些东西也跟着丢失了，而且再也找不回来了……

丢了"放心"。

小时候，住的老房子，睡觉几乎可以夜不闭户，更不用担心会丢失什么。虽然没有空调，但凉爽安静，空气清新……

如今，住进了宽敞明亮的大房子，很高、很漂亮，但楼上楼下门户紧闭，防护窗把整个家围得严严实实。

有时候连我们自己都进不去……

丢了"热情"。

小时候，邻里之间简直就是一家亲，相互串个门，有好吃的也会端一碗给街坊邻居尝尝，谁家有事，大伙都出来帮忙……

如今，我们同住在同一小区，甚至同一楼层，我们每天见面，却从来不知道对方姓什么……

丢了"健康"。

小时候，农村娃最喜欢去河里捞几条鱼，或者到地里偷摘几根黄瓜，直接吃，纯天然绿色食品……

如今，超市里的鱼个头儿大，蔬菜包装也很漂亮，可是无论洗多少遍，还会担心没洗干净不敢吃……

丢了"安全"。

小时候，娃总会三五成群地在马路上嬉笑打闹、追逐玩耍，偶尔路过几只大黄狗，拿根狗尾巴草逗逗，好不热闹。

如今，发展起来了，马路越来越宽，车辆越来越多，走在路上再也不能追逐打闹，因为稍不留神就有可能发生危险！

丢了"热闹"。

小时候，家里有电视的不多，一到下午，都端着碗去有电视的邻居家看，黑白的，画面模糊，人却很多，一点不觉得拥挤，反而感觉很热闹。如今，一天最离不开的就是手机，人手一部，走到哪儿手机里的视频播放到哪儿，人虽然聚在一起，却总是各看各的。

丢了"回忆"。

小时候，照相馆不多，一年很难去照一次相，每张照片都要洗出来，放在相册里用心保存。每次翻出来看，满满的都是曾经的记忆！

如今，照相馆几年去不了一次，相机、平板电脑、手机，走到哪儿拍到哪儿。很多时候，它们都被遗忘在手机的某个角落，真正值得留念的似乎没几张！

丢了"满足"。

小时候，娃的衣服只有简单的几个颜色，而且总穿哥哥姐姐剩下来的旧衣服，但是每件都是我们的宝贝，特别喜欢，特别满足！

如今的衣服，五颜六色，款式各异，衣柜里一排排挂得满满当当，可还是觉得自己的衣服不够漂亮不够穿……

丢了"简单"。

小时候，娃的玩具并不多，弹珠、沙包、猴皮筋、纸面包……不丰富，但是我们一个游戏就能玩上一天，很开心！

如今，谁的手机里没有存放三五个网游？谁的家里没有高档的玩具？即便科技带来了更丰富的娱乐生活，但小时候和伙伴的亲密无间却没有了。

丢了"自由"。

小时候，记忆中只有一个影剧院，一般人去不了，能看的电影也不多！有时村里播放露天电影，我们就相约几个小伙伴，爬树上，蹲楼顶上，吃着从家里带出来的瓜子儿，乐趣无穷！

如今，电影院越来越多，3D特效、好莱坞大片任你选。排队购票，网上选位，进场还要检票，不准带酒水。

旁边坐的是谁都不认识！总之各看各的，看完各回各家！

丢了"真情"。

爷爷娶奶奶，只用了半斗米；我们的爸爸娶妈妈，只用了半头牛。

那会儿结婚，领一本结婚证，请一两桌酒席就搞定，几乎没有什么彩礼和嫁妆，结婚却也很开心，踏踏实实过日子，从来都不知道"小三"、"二奶"是什么。

如今结婚，没有房子、车子、票子，结婚不幸福！有房有车有票子，也不一定幸福！

人生有很多种滋味，总要熬到某个年纪，才懂得去细细品味！

然而当你开始懂了，一切却已经远了！所以，珍惜当下的生活吧！

22 居安思危，有备无患

《左传·襄公三十一年》："居安思危，思则有备，有备无患，敢以此规。"

很多人都应该听过这样一个故事。一只野狼卧在草地上勤奋地磨牙，狐狸看到了，就对它说："天气这么好，大家在休息娱乐，你也加入我们队伍中吧！"野狼没有说话，继续磨牙，把它的牙齿磨得又尖又利。狐狸奇怪地问道："森林这么静，猎人和猎狗已经回家了，老虎也不在近处徘徊，又没有任何危险，你何必那么用劲儿磨牙呢？"野狼停下来回答说："我磨牙并不是为了娱乐，你想想，如果有一天我被猎人或老虎追逐，到那时，我想磨牙也来不及了。而平时我就把牙磨好，到那时就可以保护自己了。"

做事应该未雨绸缪，居安思危，这样在危险突然降临时，才不至于手忙脚乱。"书到用时方恨少"，平常若不学习，临时抱佛脚是来不及的。也有人抱怨没有机会，然而当升迁机会来临时，却感叹自己平时没有积蓄足够的学识与能力，以致不能胜任，也只好后悔莫及。

前一段我们协会招新的时候，为了引发大家对理财的兴趣，我总是见个大一的同学就问："同学，毕业后，你想创业吗？"百分之九十九的答案是："想！"我想可能是因为现在的媒体老是在渲染当今的大学生找工作难的现象，才使这么多人都想创业。我之前就知道创业是很难的，但是看完一本书之后，我才明白，创业是比很难还难的过程。书中那几位企业家在讲稿中都提到了一个创业者所需要的素质，其中提到最多的是执行力，我把它理解为做事的恒心，也可以说是连续工作的能力。很多人都有自己的梦想，而最终可以实现自己梦想的人则寥寥无几，归根结底，就是缺乏恒心，仅仅是想，而没有说：我一定要！唯有那些做起事来持之以恒，坚持到底的人才拥有把梦想变为现实的力量。

计划力也是一个重要的素质，这不仅仅包含对现行事物的计划，还含有对未来的构想，是一种敏锐的洞察力，这是很难练成的一种素质，如果尽一切机会接近信息的发源地或是每一个事物的起源地也可以唤起这种能力。

还有团队合作的能力，无论干任何事情必须有自己的团队，当今社会发展如此迅速，只靠一个人的力量根本不可能闯出一片天地，这一点我在平常干一些事儿的时候已经深切地体会到了。总之，今后是团队与团队的竞争而非人与人的竞争，所以拥有一个好的团队至关重要。最后，书中还反复提到了 99 分比 100 分的问题，如今企业与企业的差距越来越小，其实就是一两分的差距，可正是因为这微乎其微的细节才决定了企业是否可以生存。当然，事事完美是一种遥不可及的梦，但是我们可以有一颗力求事事完美的心。唯有追求完美才能达到卓越。

唐太宗对亲近的大臣们说："治国就像治病一样，即使病好了，也应当休养护理，倘若马上就自我放开纵欲，一旦旧病复发，就没有办法解救了。现在国家很幸运地得到和平安宁，四方的少数民族都服从，这真是自古以来所罕有的，但是我一天比一天小心，只害怕这种情况不能维护久远，所以我很希望多次听到你们的进谏争辩啊。"

魏徵回答说："国内国外得到治理安宁，臣不认为这是值得喜庆的，只对陛下居安思危感到喜悦。"

春秋时期，有一次宋、齐、晋、卫等十二国联合出兵攻打郑国。郑国国君慌了，急忙向十二国中最大的晋国求和，得到了晋国的同意，其余十一国也就停止了进攻。

郑国为了表示感谢，给晋国送去了大批礼物，其中有：著名乐师三人、配齐甲兵的成套兵车共一百辆、歌女十六人，还有许多钟磬之类的乐器。

晋国的国君晋悼公见了这么多的礼物，非常高兴，将八个歌女分赠给他的功臣魏绛，说："你这几年为我出谋划策，事情办得都很顺利，我们好比奏乐一样和谐合拍，真是太好了。现在让咱俩一同来享受吧！"

可是，魏绛谢绝了晋悼公的分赠，并且劝告晋悼公说："咱们国家的事情之所以办得顺利，首先应归功于您的才能，其次是靠同僚们齐心协力，我个人有什么贡献可言呢？但愿您在享受安乐的同时，能想到国家还有许多事情要办。《书经》上有句话说得好：'居安思危，思则有备，有备无患。'现谨以此话规劝主公！"

魏绛这番远见卓识而又语重心长的话，使晋悼公听了很受感动，高兴地接受了魏绛的意见，从此对他更加敬重。

项梁从吴中起义，然后率领八千人渡江向西，加入消灭暴秦的行列。这时候，他听说有个叫陈婴的人已经占领了东阳县，就派人前去联络，想要和他一起联兵西进。

陈婴本是东阳县的一个小官史，由于他忠信恭谨，所以一直深受县民爱戴。后遇天下大乱，东阳县里的一些年轻人自发地组织起来，杀死了县令。但苦于找不到合适的首领，便请陈婴来领导。陈婴推辞不过，只好勉为其难。后来，他们又想推举陈婴为王。

陈婴的母亲是位有学问的妇女，对人生祸福有不少经验，她听说要选陈婴为王，十分反对。她对陈婴说："我们陈家虽是县里的望族，但从无做高官的人，现在一下子做什么王，名声太大了，容易招来祸害。况且，现在时局动乱，形势未明，出来称王，祸害比平时更大。不如另选人来做王，你当助手。成功了，你能得到封赏；不成功，人家也不会把你当头儿抓。"

听了母亲的分析后，陈婴思量再三，觉得还是不为王的好。于是他就对众人说："我原本是个小官，威望不足以服众人。现在项梁在江东起事，引兵西渡，并派人来要和我们联合抗秦。项梁的祖世就为楚将，名声显赫，我们想成就一番事业，就得依靠像项梁这样的人。"

于是，陈婴带领两万多起义军投奔了项梁。后来项氏败亡陈婴又投奔刘邦并以封侯善终。

在秦汉之际的风云中，陈婴没有成为改制的牺牲品得益于母亲的那番话。可能是知子莫若母，她知道陈婴的性格不适合与各路枭雄争逐天下。如果不适合还要硬当王，丢掉性命的可能性极大，因此不如依附在强者的势力之下，进可享受爵位，退可隐姓埋名，保有性命。从这个角度看来，陈婴的母亲是相当务实的。而陈婴也能听从母亲的警告，居安而思危，实乃大幸。

其实再怎么努力，我们也不可能保持 24 小时的工作状态，多付出的一部分，对事业的进步是巨大的，所以，有一句话是绝对正确的："每一分私下的努力，都会有倍增的回报。"

23 人心靠互换，
　　　面子都是自己挣的

你是否常常想，为什么有些人初见即如深交，而有些人久处却如陌生人？

其实我们细想下，人与人相处，无非是聊得来、说得开、不掩饰、不累心，若是一个精明，一个憨直；一个真诚，一个虚伪，如此两颗心如何能靠近？人心都是相对的，不管是朋友还是爱人，要想被人真心相待，首先你要真心待人，要想受人珍惜爱护，首先你要对人爱惜守护。

情靠人建，心靠交换。

法国思想家卢梭曾说："当我们爱别人的时候，我们也希望别人爱我们。"人，永远都是相互的，以心换心才能得真心。

在这个社会，谁都不傻，总是敷衍，都会渐行渐远；谁也不笨，没被看重，都要越来越淡。

俗话说，人心靠互换，尊严靠自赚。这一生，种什么因，得什么果，做什么人，有什么福。

人与人之间的关系是靠彼此共同维系的，你可以宽容大度，但决不能无底线地妥协，你可以真心实意，但决不能放弃唯一的尊严。

如果对方不懂珍惜你的真心、你的好，那么再喜欢，也别过多留恋；再想念，也别过多打扰。

要知道，尊严不是人给的，而是自己赚来的，骨气不是求来的，而是自己守住的。

人活着，宁可孤单，也不要失了底线丢了尊严。

让你低声下气的人，趁早远离；让你忍气吞声的情，趁早放下。

大多数人都不喜欢勾心斗角，也不喜欢被算计，更不喜欢假惺惺，而是喜欢和真实的朋友在一起，不挖苦，不讽刺，不玩心计，真诚地彼此对待。

世界之大，人海茫茫，能走在一起，真的是一种缘分，所以要好好珍惜身边人。人心换人心，你真我就真。

不摔一跤，不知谁会扶你；不缺钱用，不知谁会帮你；不病一场，不知谁最疼你；不经一事，不知谁要骗你。

人与人，不是都可以信任，心与心，不是都愿意付出诚恳。珍惜该珍惜的人，感恩帮过你的人。每个平凡的人都肯定有非同寻常的成长历程，而只有在不断的成长中，才能领会到人生的真谛。

24 个人能力才是"爬高"的关键

坊间一直流传一句话：人脉就是钱脉。但是，只谈结论不说前提，十有八九就是骗局。越是在生活中摔过跤的人，对这个道理越是深有体会："人脉即钱脉"的前提，是你本身有实力。否则，便是经不起推敲，一戳就破的"纸脉"。你所谓的"人脉"，不过是"人名"。

听同事跟我讲了个事：

她有个闺密，每天在单位浑水摸鱼，习惯性抱怨看不到未来，却又不愿意付出努力。

相比于工作，她更热衷于结识各种各样的"牛"人：加个群，要把群里的所有人都加个遍；节假日，积极参加各种社区活动或聚会；校友会、同学会、家长会……她是最活跃的组织者、参与者。

手机早早就加满了5000人。她说"人多好办事，朋友多了走四方"。但是事实上，"朋友多"似乎并没有给她带来实际的多少帮助。

有一次，她的妹妹做微商需要客源。于是，她掏出手机，转发"三无产品"的微商信息到朋友圈，并私聊了一群在她看来"很有号召力的人"帮忙转消息，噼里啪啦复制粘贴了一番后，便满怀期待着有很多人来咨询。

她拍着胸脯和妹妹说，一定帮她把生意做起来。

结果，不仅没人来问，隔天一查看，竟然被一大群人删除拉黑了。她目瞪口呆。相比于愤怒，更多的是尴尬：

只是一个"小忙"，就能让别人毫不犹豫地拉黑你，这感情是有多脆弱啊。

原来有些"朋友"，不过是你一厢情愿。

你以为加了某些人的微信，有了几次来往就是朋友，殊不知，大家只是表面的和气罢了。

归根究底，还是老祖宗那句话在理：靠天靠地不如靠自己。

虽然暂时得到了机会，但是来日方长，后期还是要靠自己踏踏实实地一步一个脚印走。

否则，就算别人想拉你一把，都不知道你的手在哪里。

而一旦你有实力，圈子和资源则是主动向你靠拢的。这让我想起了孙俪。

这么多年她一边照顾孩子，一边投身演艺事业。

但让人赞叹的是，她要么不出作品，一出必出精品，塑造了各种经典角色，奖项更是拿到手软。

前阵子有记者采访孙俪，问她如何争取到这些优秀的剧本。她淡淡地说，是别人找的她。

我还有个朋友，向来不善交际，沉默寡言。但是写出了很多好作品，声名远播，他每天最大的苦恼，就是思考如何谢绝各方名流、媒体的邀请和拜访。

他就从来不愁自己作品的去路和发展，因为他有的是选择。

说到底，一个人的实力才是他安身立命的根本。能力和自身的资源不行，拥有再强大的人脉也没用。

这些人脉，迟早还得失去。千万不要把自己塑造成一个索取者，没有人有兴趣长期帮助一个只会索取的人。要想真正进入一个圈子，首先自己要成为那样的人。

要想过好这一生，自己就要努力成为一个厉害的人。不执念于虚名，不迷恋于人脉，不着急于一步登天，踏踏实实耕耘自己的人生。

25　传奇橙王褚时健谢幕

2019 年 3 月 5 日，曾经的"烟草大王"、"褚橙"创始人褚时健去世，享年 91 岁。从一代"烟王"成为一代"橙王"，这位传奇人物终谢幕。

打造"红塔山"品牌，74 岁高龄再创业，褚橙由此诞生。褚时健的一生如同其自己所说，经历过几次大起大落，终究故事圆满结局。也因其经历的坎坷、沉浮，褚橙被定义成"励志橙"。就在褚时健 90 岁生日时，褚氏父子交接，褚橙事业交棒于独子褚一斌，未来如何传承，需要交给时间。

"一路走好，褚厂长！"王石一句朴素的话，更显"忘年交"情谊。生活网发表《悼褚时健先生》，评价他"古稀创业、扎根哀牢、终得橙就、甘甜人生"。大起大落辉煌又励志的人生。从塔尖到深渊，再从深渊到山巅，他的一生，充满传奇！

传奇谢幕

属兔的褚时健曾被问及自己的墓志铭如何写，他回答道：褚时健，属牛。

牛的个性里有倔强的一面，回望一生，褚时健在《褚时健：影响企业家的企业家》的自序中写道："我的一生经历过几次大起大落，我不谈什么后悔、无悔，也没必要向谁去证明自己的生命价值。人要对自己负责任，只要自己不想趴下，别人是无法让你趴下的。"

据一名陪伴了褚时健几十年的工作人员向媒体透露，褚时健没有交代过自己的后事要如何办理。"昨天中午就没办法说话了。走得挺突然的。"

2019年3月5日晚间，万达集团董事长王健林向褚时健亲属发电称，"先生的离世，是中国企业界的重大损失。"

二次创业

1979年，51岁的褚时健进入玉溪卷烟厂，到上世纪90年代中期，"红塔山"成为中国名牌，玉溪卷烟厂也成为知名大型烟草企业。1999年，褚时健因经济问题被处无期徒刑，后减刑。2002年，74岁的褚时健与妻子在哀牢山上承包上千亩的土地种植橙子。

"那时褚时健身无分文"，褚橙庄园办公室主任林安此前接受采访时说："是新加坡华人华侨资助了他。"虽有了创业的资金，但是在水果种植领域，褚时健也是一片空白。《褚时健传》收录的《种橙十年》中，褚时健自述"其实种橙我也是从头开始学起，样样都要自己翻书看"，而种橙也是其放弃了矿山开发、种植百合花等多个创业项目后的最终决定。

农业是个慢活儿，在创业之初，褚时健也着急过，他接受媒体采访时曾说，"开始（创业）时，眼前是一棵这么高的小树（伸手在膝盖的高度比画），还有满山红土。我开始也急，也想马上成林，马上有利润，种了两年树，还是满山红土，（橙子销售）到了2007年还不好办。

但是我历经几十年，在进入七八十岁时，就有点耐心了。现实教育我们，果树每年只能长这么高，肥料、水源等问题都是原来想不到的，所以急不得。"

正是"有点耐心"的褚时健，为了更好地把控市场，在关键时刻，果断决策。2009 年，由于前一年冰糖橙产地湖南、江西等受冰灾影响，冰糖橙产量减少，看到此契机后，褚时健大手笔一次性舍弃了几万棵已生长了六七年的温州蜜柑，改种冰糖橙。这一决定，让许多果农不甚理解，但事实证明了他的判断，"强行"嫁接改种的冰糖橙第二年结果，2009 年果园总产量达到 4000 吨，实现了新突破，公司盈利突破千万元大关，股东们第一次拿到分红，褚橙的故事开始了。

"励志橙"

从未涉足水果种植行业的褚时健，在探索之初，也是将管理卷烟厂的经验嫁接到农业上来，因此对于质量等方面有着更高的要求，这也为褚橙后来的发展奠定了根基。"不管产量怎么样，我认为质量始终是最重要的"，褚时健多次在公开场合如此提及。

种上果树后，褚时健不停地改进种植方法，为了保证每个橙子都甜，他严格规范到每棵树上挂多少果，干旱时期如何浇水等，而这些需要褚时健和技术人员挨家挨户跟果农沟通，手把手教技术。褚橙的销量也逐年增长，到 2012 年，褚时健 84 岁时，褚橙与初创的"本来生活"相遇，从云南走向全国。

当时，本来生活创始人兼 CEO 喻华峰，因有人推荐说褚橙太好吃了，于是找到褚时健谈合作，希望能在平台上销售褚橙。据媒体报道，当时的褚时健既没有同意也没有反对，最后还是决定拿出一部分的产品供给本来生活。也在同年，本来生活策划"褚橙进京"项目，喻华峰为褚橙拟定的宣传语是：人生总有起落，精神终可传承（橙）。

于是褚橙被赋予了新的含义：励志橙。褚时健的一生是不断受到打击却又以更大力量反弹的过程，他始终没有放弃过做事。"大起大落""浩荡沉浮""波澜壮阔""东山再起"……当世人给这位从旧时代走进新时代的企业家贴上无数宏大标签时，褚时健只希望人们在回顾自己的一生时能如此评价——"我不希望别人在说起我的人生时有多少褒扬，我只是希望人家说起我时，会说上一句：'褚时健这个人，还是做了一些事'。"斯人已逝，但精神永存。褚时健苦行僧般的努力与坚持，值得我们这个时代永远铭记并传承下去。尽管褚时健的人生是曲折坎坷的，但他的结局也算完满，他的人生留给我们太多的启示，但我认为如何呵护褚时健们身上的企业家精神才是最宝贵的，也才是我们对褚时健最好的缅怀。回顾老人近一个世纪的岁月，说传奇绝不为过，但传奇的背后是他生生不息的勇气、执着、坚毅和对自我实现的强烈渴望。一个伟大的人格，足可以穿越这个时代，走入未来。

26　你家孩子写作业效率高吗

　　有时候，并不是老师布置的作业太多，而是孩子做得太慢。

　　前几天与好友聊天，发现她最近似乎憔悴了不少，细问才知道，原来是白天上班晚上回家还要陪孩子熬夜做作业所致。我原以为是孩子作业量大，做不完，所以才会让家长陪着熬夜。

　　但朋友却说：不是作业太多，而是孩子做得太慢。

　　孩子做作业太慢这个问题，我相信是绝大数家长都会遇到的难题。

　　可家长们又不能催孩子做快点，因为快了容易出错，会失去做作业思考问题的根本意义；就只能陪孩子慢吞吞写到深夜，哄睡孩子才能催眠自己。

　　其实孩子做作业慢这个毛病，家长应该及时给予纠正，而不是任其发展，否则容易导致孩子患上拖延症。

　　既然说到纠正这个问题上，首先羊毛出在羊身上，应该先找到写作业慢的原因所在，才能更好地对症下药，做到药到病除。

　　以下是孩子写作业慢常见的 5 个原因，看看你家孩子属于哪一种？

一、分不清主次。

　　小宇是一个小学三年级的学生，平常只管学习，其他事都是父母帮着一手操办好的。每一次到写作业的时候，总是搞不清楚作业本是哪一本，应该先写哪一科，有时候甚至不知道作业在哪一页。

往往写一次作业，要折腾半个多小时才能理清楚要做哪些作业，该怎么去做。小宇是属于写作业条理性比较差的典型代表，因为父母平常的过多帮助，导致其没有主动整理自己事情的能力，还可能会有些丢三落四的小毛病。

写作业慢的很大一个原因还是小宇没有一个明确的学习方法，不懂得怎么去计划自己的学习。面对这种情况，家长应该要培养孩子动手安排自己事物的能力，而不是嫌麻烦或是觉得孩子能力不足，而什么事情都替孩子安排得明明白白，这样完全锻炼不到孩子自身的能力。

二、喜欢做与作业无关的事。

孩子活泼好动，平时做作业的时候，总喜爱把玩身边的小物件，不是橡皮就是铅笔，有时候还喜欢在作业本上乱涂乱画。注意力总是无法集中在做作业这件事上。其实孩子的表现明显就是注意力不够集中，因为孩子本身比较活泼好动，所以总是会被身边一些他认为有趣的东西吸引目光。

对此，家长能做的就是：

（一）为孩子提供一个安静的学习环境，让他不受外部环境打扰；

（二）尽量让孩子的书桌整洁干净，不摆放与学习无关的东西，避免孩子分神；

（三）有针对性地训练孩子的注意力，让孩子能够做到在一段时间把注意力放在一件事上。

三、学习有困难。

小龙是一个父母眼中的乖孩子，平时写作业也不用父母怎么操心，但唯一不足的一点就是小龙总喜欢来回在一道题上纠结好久，浪费大部分的时间，往往做完一道题所花费的时间达到10

分钟以上。为此，写作业的时间总是会比其他孩子多出好几倍。

小龙这种现象可以理解为他害怕做错，所以需要在一道题上花费更多的时间，但也间接地反映出，小龙的学习基础较差，不能肯定或是在第一时间给出题目的答案，需要进行反复的斟酌思考，有可能最终写下的那个答案还不是他可以确定的。

针对小龙这种因为不会做而延长写作业时间的孩子，最好的方法当然是巩固孩子的知识能力，并且应该告诉他，一旦遇到不会做的题目时，可以先做好标记，先跳过，而不是一直在那里死磕到底，浪费时间。

四、橡皮综合征。

有些孩子每一次写作业看见作业本上有一点点不干净，看见哪一个字写歪了，写得不好看了，都要擦掉重写。这样一来一回，写作业的时间自然就延长了不少。

看起来孩子似乎有点强迫症或者说洁癖，其实都不是，孩子是患有典型的"橡皮综合征"，他或许天生就是一个"追求完美"的孩子，但是更多的是由于父母平时给予的压力过大所导致的，他害怕出错，甚至不允许自己有一点点的失误，乃至对于作业本的整洁度，都不允许自己出错。

面对这种情况，父母要做的就是帮助孩子释放压力，并且日常生活中，不要放大孩子所犯的错误。在孩子做作业的时候，适当地给予奖励，比如引导孩子写字一次性写完，做好了便有奖励，这样有助于改掉孩子依赖橡皮的习惯，当然，必要的时候，家长还可以将孩子的橡皮收走。

五、没有时间观念。

小伟是一个小学二年级的学生，每天晚上在家都需要父母提醒他写作业，提醒他什么时候该做什么事情。一旦父母忘记提醒，他便也不会记得什么时间该做什么事情。

小伟就是一个典型的没有时间观念的孩子，不会管理自己的学习时间。想要改掉小伟因为没有时间观念而导致做作业慢的问题，家长要做到以下 3 点：

（一）可以给孩子设定一个或几个闹钟，什么时间闹钟响了就应该做什么事情，让孩子在有限的时间里完成该做的事情。

（二）让孩子把写作业当作是一场考试，有时间限制的考试，如果孩子能在规定的时间里完成作业，父母可以适当地给予奖励。

（三）给孩子制订一个学习计划表，又或者是让孩子自己动手计划，有利于培养孩子的时间观念。孩子写作业慢的原因有很多，只有找对原因才能对症下药，才能更好地帮孩子改掉写作业慢的坏毛病。

父母应该采取循循善诱的方式让孩子慢慢改正，而不是在一旁大声呵斥，给孩子增加心理负担。

27　了解自己的从众心理

不知道大家有没有看过电梯从众试验，如果看过的话，那你一定会被试验中被试验者的窘态搞得忍俊不禁。

这个试验在做得很有意思的同时，也向我们揭示了一个赤裸的真理：当被试验者在所有知情者相同行为的作用下，被试验者无意间就会形成强烈的压力，并且最终做出违背自身意愿的事情。这就是一个人发自本能的从众心理。

人是社会性动物，只要你在这个社会上生活，参加社交活动，那么从众心理就会涵盖到你生活中的方方面面。

就像小时候的你，看见邻居家的小孩买了一件帅气的牛仔衣，你也会吵着父母给你买一件一模一样的。就像大家都在谈论这部新上映的电影，你甚至连预告和简介都没看过，也飞速拉着朋友买了最近场次的票。

"沉默的螺旋"相较于从众心理，它的范围要窄了许多。之所以与从众心理建立关联，是因为"沉默的螺旋"多多少少也有从众的意味。

这一点，可以从它们的释义上得到解释。"沉默的螺旋"是指人们会力图避免因自己单独持有的某些态度和信念与主流态度和信念不合而被群体孤立。而从众心理就是行为、观点，甚至语言态度上没有自己的主见，随大流。

即使人们不想承认，但事实摆在眼前，社会会通过孤立的方式来给背离者施压，出于怕被孤立的恐惧，人们在发言前，会先考虑大众能接受的是什么，社会呼声最高的是什么。这种影响，便是受到了从众心理的影响。

"沉默的螺旋"针对的是社会上一些有争议的伦理道德问题。往往这种问题更容易出现不同的声音、不同的立场。而做出"沉默的螺旋"行为的人，基本都有自己的观点，做出了自己的思考。但是他们会下意识地服从占优势的舆论，进行违背本心的发言。

从众心理则有更多的表达方式，不仅仅体现在言论和立场上，还有行为，甚至饮食穿着等等。

正因为如此，比起从众心理，更加无奈的是做出"沉默的螺旋"行为的那部分群体，因为这意味着在那时那刻，有一个人，正受到了来自群体的压迫而不得不做出了从众的行为。

这部分群体，如果坚持己见且高谈阔论，就会成为主流群体眼中的少数群体。一个群体如果与众不同，就会被排斥被孤立甚至被攻击。这种情况在人类社会非常常见，比如同性恋群体，比如肥胖群体，还有艾滋病群体……

他们也被称为边缘群体。

我们为什么要尊重这个群体，尊重他们的行为、意见，尊重我们肉眼所见心灵所知的一切。往小了说，这事关人权，往大了说，这事关人性。

社会在进步，文明得以普及，那么人权环境也应该向着大好的方向迈步，这亦关乎现代公民的素质。尊重边缘群体的意见，倾听更多的声音，意味着我们所有人，敢于接受不一样，而这种不一样，何尝不是一种美好。

可是有一部分少数（边缘）群体，还生活在水深火热中，比如被家暴的女性。因为社会没有给予她们更多的关怀与帮助，因为她们被迫安静，所以在一次次被毒打中，她们学会隐忍沉默。但沉默，不过是暴风雨前的宁静。

她们的身体受到残害，但是更可怕的是她们的心灵被伤得血肉模糊。于是，在某一个想逃离的夜里，她们手刃自己的丈夫，没有恐惧，不会后悔，只是做了一件压抑在心底太久太久的事情。

正是因为长期以来我们的社会，我们的主流人群没有对这部分群体尽到关怀的责任，她们被社会的冷漠夺去发声的权利，最终把她们逼到绝路，造成不可挽回的悲剧，直至葬送她们本也珍贵的一生。

最后，借用《奇葩说》熊浩的论点："人特别害怕孤独，你害怕独木难支，你害怕孤掌难鸣。你害怕非常坚持地表达了一声'NO'然后举起一把火炬，在旷野中一眼望去，你发现这真的是唯一一把火炬。

但我想让你知道，黑暗里的一点点光在远处会特别耀眼，其他的光会看到你这束光。微光会吸引微光，微光会照亮微光。我们相互找到然后一起发光，这种光，才能把所有偏见、孤独、从众、压迫的阴霾照亮。"

让微光吸引微光，让微光照亮微光。到那时，每个人才可以骄傲地说，我有拥抱群体的权利，亦有活成孤岛的自由。

28 你是否刷朋友圈成瘾

我想，很多人都有过这种情况：拿起手机刷朋友圈，一刷就是大半个小时，一直不舍得放下。

可转过身你问他记住了什么、看到了什么，却又说不出来。这里，把朋友圈换成微博、豆瓣、知乎，都是一样的。

人似乎总有这么一种习惯：不知疲倦地刷着社交网络，浑然不觉时间的流逝。

尽管刷了大半天，除了别人的各种热闹状态，什么都没有记住。但是这种情况还是日复一日地发生着。

表面上看，这很简单啊，就是因为无聊嘛。实际上，并不仅仅如此。如果说只是因为无聊，那如何解释我们在很忙的时候、在工作的时候、在明明有更重要的事情需要处理的时候，仍然会发生这样的情况？不知疲倦地刷朋友圈，至少涉及三个层次的心理机制。

一、信息

回忆一下，在你童年的时候，是不是有过这样的经历：

某个新奇的玩具（或者服饰）突然流行起来，班里的孩子们就会一窝蜂地去抢购，一两天内，班里就会人手一件。

偶尔几个没有买到的小孩，也会各种哭闹缠着父母要买，否则就会觉得自己成了异类，不敢面对同学的眼光，上下学也要躲着别人。

当一种现象成为一个群体中的"文化共识"，或者一种资源成为一个群体的必需品，群体里的所有成员就都会被驱使着向它靠拢。

那些无法占有这种资源的个体，就会被群体所孤立。而在我们那进化了数百万年的大脑看来，被孤立意味着什么呢？

意味着群体地位的降低，在竞争中处于劣势，意味着很可能被淘汰。

在幼儿园里，如果大家人手一个某某动画片同款玩具，那个空着手的孩子，就很容易被大家排斥，不愿意跟他玩。

同样，在一个大学里，如果有人没有手机，或者用的是十年前的"塞班"手机，也很可能招致别人异样的目光。

无论旁人有意或者无意，无论当事人自己怎么想，"与群体不一样"很多时候就意味着是失败者。

而在我们这个时代，什么资源是最普遍、最常见，又最不可或缺的呢——信息。

我们可以接受各种各样的人，但我们可能很难接受有人完全不知道所有新闻，不懂得任何新兴词汇，不了解任何热议话题。如果真的有这样的人，他也很可能到处都被排斥。

所以有个段子，说过去要弄死一个人很困难，断食断水都未必能很快成功。现在则简单多了，你不让他上网就行了。

如果给一万块，让你一个月不能上网，不能读书，也不能与人交谈，你愿意吗？我是不愿意的。

所以，在这里，刷朋友圈很多时候是一种信息焦躁的体现。

当我们一段时间没有获得新的信息——可能一两天，几个小时，甚至可能几分钟，因人而异，我们就会陷入一种莫名的焦躁感中。

这种焦躁与无聊空虚很相似，但又全然不同。它跟我们所处的状态没有太大关系，仅仅是因为大脑长时间得不到"新鲜的刺激"罢了。

我们早已习惯了这个信息爆炸的时代，习惯了不停地在身边的环境寻找新鲜事物来刺激大脑，让它长时间保持活跃。

一旦缺乏刺激，大脑就会变得疲倦。这几乎可以称为"信息成瘾症"。我们长时间地刷媒体、社交网络，未必是因为这些信息对我们真的有用。很多时候，只是因为这个过程能够持续不断地产生新鲜刺激，让我们的大脑变得活跃，认为"没有受到抛弃"。仅此而已。

二、距离感

人永远是群体的动物。我们最基本的需求，是安全和安定的需求。如何感到安全？最基本的方式，就是抱团。

人需要参与到群体当中，才能真正感到稳定。因为在这种情况下，无论你做出任何行为和决策，背后都有着群体作为靠山。你永远不需要一个人去面对所有压力和负担。

我们总是倾向于拉近自己与群体的距离，来让自己融入一个群体之中。很多公司，当需要开除员工的时候，都不会直接开除，因为这样需要赔偿工资。他们会怎么做呢？

工资照发，但会把你的工作移交给别人，开会时也不叫上你，平时也把你当空气……这样过了一个月，很多员工就会受不了，自己提出离职。

为什么明明工资照发，工作少了，你却待不下去呢？因为在这个过程中，你会感受到这个群体正在慢慢变得疏远，你正被这个群体排斥。

你会发现你与群体的距离正在逐渐拉开。慢慢地，就会对自身的存在感产生动摇。

为什么很多人在家里工作、做事、玩手机的时候，喜欢打开电视，即使什么都听不清楚，也要让它开着？

就是因为，通过电视发出的声响，通过这种仪式一般的方式，可以让自己确信：自己跟世界正在以某种方式产生着联系。这就是一种拉近距离的方式。

尽管没有任何信息和新鲜刺激流入，但光是听到外部世界的声音，以及"与其他人在做的事情一致"的心理感受，就足以拉近你与整个外部世界的距离。

同样，刷社交媒体，就是通过了解别人的生活状态，让自己感到"我跟别人还有着联系"。

通过社交媒体，我们可以窥见别人的经历、言论、日常生活，甚至可以窥见：最近发生了什么？大家都在关注什么？都在讨论什么？

即使我们不参与，只是了解这些，也足以拉近我们与整个世界的距离。更进一步，在社交网络上，你还可以通过点赞、转发、评论，这些每个 APP 都会有的互动途径，走进别人的生活，参与大众舆论，彻底地将这种距离消弭。

这就是社交网络所给予我们的，对参与感和距离感的满足。

三、反馈

如果说"信息"和"距离感"是驱使我们去刷朋友圈的主要因素，"反馈"则会告诉我们：为什么一刷起朋友圈，就会停不下来。

反馈是什么？很简单，在我们的大脑中，存在着一个奖赏回路：

当我们做出一个行为，立刻就能获得结果，并且这种结果是有益的，那么我们大脑就会认为这种行为对我们是正面的，会继续鼓励我们重复这一行为。

如果我们的行为无法产生即时的结果，我们的大脑就会要求我们停下或者放弃。

原因很简单，大脑会认为这种行为是无效的，是在浪费精力。

而在远古时期，浪费精力就意味着竞争劣势，也就意味着失败和死亡。

所以，为什么我们很容易沉迷游戏，却总是很难学习？因为游戏中到处都存在着大量的即时反馈：

打怪会有声光反映，杀死一个怪会有经验值，运气好还会爆出装备……这些无处不在的正反馈，鼓励着我们投入时间和精力。

而学习基本都无法产生任何反馈。

你一天背了一百个单词，跟背十个单词，跟一个都没背，不会有任何差别。你的头顶不会伴着悦耳的音乐突然冒出一个"LEVEL UP"，也不会从天上降下彩带和丝带来为你庆祝。

这就可以说明，为什么我们会不知疲倦地刷社交网络。因为只需要轻点刷新，或者手指下拉，就能看到新的讯息。

这对我们的奖赏回路来讲，简直是再丰厚不过的正反馈：付出的成本极低，但得到的回报很高。

因此，我们的大脑会要求我们一次又一次地刷朋友圈，直到没有新的讯息产生，或者我们已经感到疲劳，新鲜事无法再给我们强有力的正反馈，这种行为才会停止。

那么，我们如何才能管住自己的手，减少因为刷社交网络而浪费时间的情况呢？可以试试下面几种方法：

（一）给自己正在做的事赋予一个意义

上面所说的机制都属于本能。而人是有理性的，克服本能的方法，就是强化理性。

如果你觉得一件事情很重要、意义重大，你就不容易分心。原因是，除了即时反馈，还有一种机制会对行为产生鼓励，那就是"预期"。

如果一件事情我们预期会有非常丰厚的收益，或者不做的话会有非常大的损失，那么即使它很无趣、很艰难，我们也可以坚持下去。

（二）为自己设定短期目标，并不断攻克

同样以学习为例，学习是没有反馈的，但我们可以人为地为它设定反馈。

最简单的方式，就是为自己设定每天的目标。比如，今天要背 100 个单词，如果成功实现，就奖励自己一顿大餐——当然，这比较考验自制力。比较流行的方式，是加入一个群，依靠群友的力量来约束自己。比如，每天都要读一本书，写 1000 字书评，如果没有发出来，就得在群里发一个红包。

这样，一方面可以约束自己，不至于分心；另一方面也可以逐渐积累成就感，让学习渐渐变得跟刷社交网络一样有趣。

Deadline 是治疗拖延症最好的方法，对分心也同样适用。

（三）将漫无目的的浏览，变成有目的的探寻

如果这些方法都无效，你就是想刷社交网络，那么，有什么办法可以尽量不浪费时间呢？可以试试这样：

当你刷到一个新闻，或者一个不认识的概念时，停下，去搜索这个新闻（或概念），直到你完全掌握了它为止。

这样的好处是什么呢？你同样在获取信息、拉近距离、得到反馈，但是同样一段时间过去，你至少了解了几个新闻，弄懂了几个新的概念。

这段时间对你来说至少不会毫无收获。如果你还在为浪费时间而懊恼，不妨试试。

29　有钱人会变得更有钱

人挣钱本来就是为了改善生活，想花的钱不花，就很难获取更多的钱。一个理财专家在博客里假设：把社会财富比成一个系统，本来就有富人和穷人。如果，把系统清零，把社会财富重新平均分配给每一个人，结果会怎样？可以想象得到，很快平均就会被打破。因为有人会拿着分到的钱去下馆子，而有的人用分到的钱去开馆子，因为选择不同，很快，财富就又不平均了。1年以后，也许再长一点，5年以后，原来的富人还会是富人，原来的穷人，又回到了初始的状态。

我们深信这不是假说，因为你我身边都有这样的两种人。贫穷或富裕靠的不是运气，也不是所谓的机遇，而是选择，一种生活方式的选择。

"总有钱"选择什么样的生活方式呢？其实每一个有钱人的生活方式都是多元化的，但他们有一些共性的东西和本质的特点。比如：看到别人看不到的东西。

大学时的一个同学后来变成了小生意人，拿着名牌手袋出席同学聚会那天，引得不少人羡慕。起初，我跟多数人一样，不明白为什么会有人把一辆小车的钱挂在颈上提在手里。人难道不是靠节省才变得更富有吗？

再次和她偶遇，我们聊了许多，包括她那并不可笑的贵妇逻辑。起初她每次去广州进货，都会去香港顺带捎几样名牌皮包回来卖，每次都能小赚一点。遇见实在中意的，就多留一件自己用。从上学起，她就选择做个"败家女"，她是班里第一个有手机、拥有名牌内衣和唇膏的女孩。可她不是没有自己的账簿，一开始就有，后来她比其他同学获得了更多的择业机会和关注。

而她姐姐的境遇则与她截然不同。在她们童年的时候，父亲投资失败后，母亲离开了父亲和她们。在姐姐的头脑里，不断地记录着自己的不幸。从此，姐姐总是谨小慎微，遇到挫折就怪自己命不好，并且这些年来，那些姐姐认为不好的东西，为自己招致了更多的麻烦。而她则是一个敏锐的人，童年时就明白了家庭不幸的原因，她从小就不停暗示自己一定能改变人生。

有钱的她变成更有钱的她。其实，选择自己想要的，并坚持下去，就是有钱人总是有钱的原因。后来，我观察身边朋友的思维模式，那些总有钱的人，对自己所做的选择都是自信的、积极的，总没钱的人则一再推翻自己的选择，消极且怀疑。

我的"败家"女同学说人挣钱本来就是为了改善生活，想花的钱不花，就很难获取更多的钱。所以花钱，就是她变富有的选择，听起来好像跟国家拉动内需鼓励消费的道理差不多。有了选择，当然还要有信心。电视上最常见的4个字"中国信心"，听起来的确鼓舞人心。所以，我相信有钱的人总会有钱，强大的国家总会强大。

30 正确处理自己的虚荣心

虚荣心每个人都有，虚荣心的好坏，只是取决于我们对待它的态度而已。

很多时候，都听到别人说虚荣心的事情；很多时候，都听到有人埋怨，说别人的虚荣心太重；很多时候，看到电视剧里面的所演的角色，都是带有虚荣心的，然后加以评论说，不应该有虚荣心，或者说，如果不是虚荣心太重，就不可能会有这样的下场。

在我看来，如果自己能够客观一点，而且能够端正一点看问题，就会发现，其实，每一个人都有虚荣心，只是多少不同而已。平心而论，虚荣心并没有对错之分，做事情的是人；换句话说，只是有人在做事情的时候，把事情做错了，才会使事情有着对和错之分。否则，即使是有虚荣心的存在，也不可能会是坏的。

虚荣心，爱慕虚荣，并没有多少坏处；换个角度来说，正是有着虚荣心的存在，正是因为爱慕虚荣，才会使我们自己努力，想要达到自己所期待的那个程度。如果没有虚荣心作祟，很有可能的是，我们的生活就像是一潭死水，没有任何的活力，也没有任何的用处；而且，我们也很有可能变成像喝了"忘情水"一样，对什么都不在意，对什么都不放在心上，这样的生活，还有什么意义？我无法下结论，但是，我也知道，这样的生活，就会失去了活力，就没有任何存在的必要了。

相反，处在红尘中，怎么可能会"忘情"？怎么可能会没有虚荣心？怎么可能会不羡慕好的生活？只有羡慕，只有拥有虚荣心，才会从心底想要改变自己的现状，想要改变自己的生活。这是我们必须为此付出的努力。这样，在改变我们生活的同时，也为社会付出了很多。由此可以看到，虚荣心并不是要不得，而是很重要。

虽然，虚荣心是必须有的；但是，如果太过了，就会成为社会的祸害。很多电视作品中的角色，和很多犯罪的人，都是因为虚荣心太过而没有一个好的结局。虚荣心太过，就一定没有好的结局吗？这话好像也不对，应该是，虚荣心太过，并不可怕，重要的是必须为此付出努力，付出脚踏实地的努力，才会有好的结果；相反，如果不肯付出努力，总想着投机取巧，总想着一夜暴富，总想着天上掉下钱来满足自己的虚荣心，那么，想要有一个好的结局是很困难的。

其实，虚荣心并没有什么可怕的，看怎么对待。还有，更为重要的一点是，虚荣心，换一个叫法，很有可能就是"理想"。"理想"可怕吗？如果没有理想会怎么样？从这一点上来说，虚荣心并不是太可怕，也没有什么可怕的。而且，虚荣心的好坏，只是取决于我们对待它的态度而已。说白了，虚荣心的好坏，就是取决于我们内心的想法。这就是虚荣心，看我们怎么对待它了。

31　坚持为了什么

如果要飞得高，就该把地平线忘掉。但凡那些躺在自己成功的温床上享受成功带来的愉悦的人，终究会成为失败的殉葬品，而那些不忘继续奋斗的人则能稳稳当当地走好成功人生的每一步。

所有人都在叫嚣着你只是看起来很努力，所有人都在声嘶力竭地吼着生活不只眼前的苟且，所有人都在极力寻求一种想要的生活，于是在这条路上艰难前行。

那么，我们为什么要努力呢？

长江后浪推前浪，一浪更比一浪强。竞争社会，拼的就是谁更有能力，谁更能在社会中立得一席之地。物竞天择，适者生存，你不争不抢不去努力，结果只能是在原地打转，于是乎只能仰望别人的光芒。我们都听过这么一段话，这个世界上最可怕的不是有人比你优秀，而是比你优秀的人依然还在努力，那么这样的你为什么还不去奋斗。从来不怕大器晚成，怕的是一生平庸。

你努力创造更好的生活之后，你孩子生活的环境也是良好的，他可以接受好的教育，见识更多的精彩，不会因为没钱而忍受饥饿和寒冷，早早地见识了社会的黑暗，他能有更多的机会做他想做的事情，而你也有能力满足他一切合理要求。事实证明，家庭优越的孩子往往比家庭贫苦的孩子要更加自信，成长得也更健康。当然，如果你教育有问题或者太过溺爱造成他嚣张跋扈那就另说了。

我怕未来连病都不敢生，连梦都不舍得醒。有钱不是万能的，没钱却是万万不能的。也许你会说"钱算什么，都是肤浅的"，甚至背地里痛骂那些"宁愿坐在宝马里哭，也不坐在自行车上笑"的女生虚荣。可是你知道吗，你没钱也许不可怕，你不努力不知进取才可怕。

你想象一下未来的吃穿住，再加上可能的生病意外，你难道不怕未来生病了却不敢去医院，怕花钱吗，你就不怕万一你真的需要手术光是手术费就要把你逼得无路可走吗？每天新闻上有多少穷苦人家的父母因为自己的孩子生病却没钱医治，只能拼命赚钱或者乞讨，或者严重的想到卖血卖肾，这都是被生活所逼，被钱所逼啊。

有时候面对着苍白的现实眼里全是痛苦，于是宁愿躲在无人的黑夜，躲在美好的梦里，怕一觉醒来一切又回到痛苦中，你又要面对这一切苦难。这样的生活这样的无助，是你想要的未来吗？

怕酒杯碰在一起全是破碎的梦。多年后，当几个老友聚在一起，你们喝酒畅谈，酒后讨论起各自多年的梦想，各自唏嘘各自凝噎。酒杯碰在一起，是破碎的梦；酒杯摔到地上，是破碎的痛。

如果我们现在不去努力，等以后都没有能力去带父母各地旅游散心，品尝各地美食。我们努力的意义是让他们可以衣食无忧，可以尽情享受生活的美好，而不是在晚年还替我们的生活工作担心，还要把自己的养老钱拿出来给你。所以我们成功的速度一定要超过父母老去的速度。

委曲求全，卑躬屈膝，活得没有尊严，被领导骂得狗血喷头不敢还嘴不敢吭声，同学聚会看着别人事业有成而自卑地缩在角落，看见喜欢的东西不舍得买，每天为了省钱而拼命挤上已经没地方可站的公交地铁，每天啃着面包吃着泡面幻想这是美味的大餐。这些悲催的生活将是不努力的你的局面。

我们所努力的目的不过是为了不寄人篱下不看人白眼，可以骄傲地做自己想做的事，不为了一个工作一个人情而忍气吞声，不被人看轻，活得有尊严有底气。堂堂正正地拍着胸膛，自豪地说这就是我，这就是我想要的生活。

人生说长不长说短不短，那些你以为还有的时间其实也在你眼皮子底下偷偷溜走了。我们的人生只有一次，我们要在有限的时间里让自己的生命发挥出无限的价值，才不枉来这人世间一场。

你问努力真的有用吗，你问坚持一定会成功吗？我肯定不能确切地回答是。可是我可以很明确地说，当你真正努力了之后，你所谓的结果如何也就不再那么重要了，因为在努力的过程中你已经打败了那个坐享其成不知进取的自己，已经发现了一个更积极向上更优秀的自己。努力，只为遇见更好的自己。

32 知识改变命运

真生气！刚才误加入一个博士群。有人提问：一滴水从很高很高的地方自由落体下来，砸到人会不会砸伤？或砸死？群里一下就热闹起来，各种公式，各种假设，各种阻力、重力、加速度的计算，足足讨论了近一个小时。这时我默默问了一句：你们没有淋过雨吗？群里突然死一般的寂静……然后我就被踢出群了。

有文化真可怕！知识可以给你带来更多思考方式，但是经验可以让你更快地解决问题。

男人买了一条鱼回家让老婆煮，然后自己跑去看电影，老婆也想一起去。男人说："两个人看浪费钱，你把鱼煮好，等我看完回来，边吃边和你分享故事情节。"待男人看完回来时，没见到鱼，就问老婆："鱼呢？"老婆淡定地找了把椅子坐了下来说："鱼我全吃了，来，坐下来我给你讲讲鱼的味道。做人，就该这样，你怎么对我，我就怎么对你！"

最近很火的一句话，相当经典："我给你一颗糖，你很高兴，当你看到我给别人两颗，你就对我有看法了。但你不知道他也曾给我两颗糖，而你什么都没给过我。"

一根稻草，扔在街上，就是垃圾，与白菜捆在一起就是白菜价，如果与大闸蟹绑在一起就是大闸蟹的价格，我们与谁捆绑在一起，这很重要！

一个人与不一样的人在一起会出现不一样的价值！一个人在不一样的平台也会体现不同的价值！请结交有正能量的人，这会影响你的一生。

高考那年，我考了 200 分，而妈妈朋友的孩子考了 680 分，那个孩子去了重点大学，而我只能去打工，九年后，那孩子的妈妈向我和妈妈炫耀他儿子又应聘了一个月薪过万的项目经理，而我却在想：该不该聘用他。

所以你，可以不读大学！但你，绝对不可以不拼搏！

33 格局见结局

我们总说做人要有格局，可到底什么样才叫有格局？

电影《一代宗师》中有这样一句话："习武之人有三个境界：见自己，见天地，见众生。"这句话，可以用来诠释什么是格局。

真正有格局的人，不怨天不尤人。

生活中，或多或少都会遇到几个习惯性抱怨的人，小树就是其中一个。她习惯于抱怨。看到别人发表了文章，她会说："这有什么了不起，给我这个选题，我会比她写得更好，只不过我没想到这个选题罢了。"或者："都怪老公和孩子，我都没时间看书写文章。"

刚开始，还会出于礼貌，安慰她几句。后来，不堪重负，很少回应，联系基本中断。

生活中，有太多这样的人，满嘴要上进，要改变人生，做的事儿却全是等待天上掉馅饼。

他们有太多的理由，解释自己的无能为力，比如没有时间，比如怀才不遇，比如缺乏天时地利。

这种思维模式，其实就是格局太小所致。只看得见自己，一切都要为自己服务。所以，一旦现实有不如意，就必然满嘴抱怨。最终导致自己的人生之路越来越狭窄。

其实，不论是谁，只要养成开口抱怨的习惯，人生就彻底输了。跳出自我视角，停止抱怨，人生的路才会更加宽阔。

《高效能人士的七个习惯》里提到，积极主动的人，会专注于做自己力所能及的事。比如你改变不了要花时间照顾孩子的事实，但是你可以改变照顾孩子的方式。

消极被动的人总是紧盯着环境问题，紧盯着超出个人影响圈范围的事情不放，越来越怨天尤人。一个积极主动的人，会让自己的影响圈越来越大，能控制处理的事情自然会越来越多。

拒绝抱怨，从自己的影响圈开始着力，这是一个人格局很大的第一个迹象。

共赢思维，做大蛋糕

我赢，也要让你赢，是人与人之间关系的底层代码。

无论是商场、职场，还是朋友、夫妻之间，唯有双赢，关系才能进入良性循环，彼此的利益才能得到最好的保护。

大部分公司，和想创业的员工，都是一种对立的关系。员工要创业，就得辞职。创业后如果做同行，还可能带走骨干员工和客户资源，和原公司形成竞争关系。

但是芬尼克兹 CEO 宗毅，从 2004 年起，就在公司实行了双赢的"裂变式创业"。

公司想创业的小伙伴，可以通过投票竞选流程，从员工身份转成"合作伙伴"，和公司共同创业。

母公司在新公司的持股比例为 60%，母公司只控股而放权，总经理投资 10%，管理团队和员工投资共占 30%。再裂变出新公司，帮助员工创业，和员工实现双赢后，母公司也发展得更好了。

到 2015 年，公司已经一共裂变出了 7 家公司，年销售收入高的有 5000 多万元，利润 700 多万元。表现最差的一个公司年回报率在 70%。

母公司芬尼克兹，销售收入是 3 亿，去年利润为 2000 多万元。宗毅本人，在 2014 年被选为"中国商业最具创意人物 100"，与马云、雷军齐名。

一个有格局的老板，懂得把大蛋糕切开分出去，实现和员工的共赢。也唯有如此，员工才能为公司"卖命"，公司也才有机会和能力，在时代湍流中迎面而上。

我赢，也要你赢，唯有双赢思维，棋盘才能越下越大。能做到这点，是一个人格局很大的第二个迹象。

增加认知锚点，突破思维定式

罗振宇在《知识就是力量》里提到，很多出租车司机，旺季的时候早上8点出车，下午3点一数钱袋子够了，收工回家。

而在淡季，通常到晚上8点，可能还没挣够钱。公司的份儿钱，今天的油钱都没有挣够，所以会一直在街上开车转悠，等着人上车。

其实这种行为模式特别傻。正确的做法应该是旺季的时候拼命工作，淡季的时候，可以多休息，养养身体，陪伴家人。

为什么司机会出现这种错误的行为？

原因在于"锚定效应"：把某件事、某种观念，作为自己做所有判断和决策的标准。司机在这里就是把"钱"作为唯一的标准。

罗振宇说："当你只盯住钱的时候，这个世界的很多维度、很多真相，你是看不到的，你很容易去做出错误的决策。"

诺贝尔经济学奖得主理查德·塞勒，把出租车司机的这种现象称之为"狭窄框架效应"。

当框架非常窄的时候，个体会陷在框架之中，看不到事情的全貌。出租车司机就是陷在了"钱"这个唯一框架里，用钱作为自己行为的唯一标尺，指导自己的行为。

单一锚点，会让人变得无比偏执。所以，多为自己增加锚点，让大脑能够容纳更多的事物。

认知框架越大，人就越不可能成为短期利益的拥趸，也更不可能陷入烂人、破事中，与对方纠缠不休。

锚点多元化，是一个人格局很大的第三个迹象。

作家何权峰说："看一个人是否成功，不是看他赢了多少人，要看他成就了多少人；看一个人的结局，要看他有多大格局。"

这就是我们常说的，格局见结局。

3 4　活着的层次

哲人说：人活着有两件事，忙着生或者忙着死。其实，人活着的方式并不是一样的，应该有三个层次：活着——体面地活着——明白地活着。

第一个层次：活着

这是一般层面上的生活或者生存。这种活着，有两种情况。

第一种情况，是终日为满足吃穿用度而忙碌奔波。赡养老人，抚养孩子，养家糊口，每日担心衣食之累。纯粹为了存活下去而算计而忙碌。忙碌的结果是勉强果腹，甚至温饱是一种追求和奢望，小康就是遥不可及的理想了。

就国情而言，处于这种境况的是我国的基本群体。

他们不是改革的受益者，而是牺牲者。在企业的转型改制的过程中，他们下岗了，买断了，失业了，自谋职业了。

别无长项，只能逆来顺受，随遇而安，没有怨言也不敢有怨言，不去反抗甚至不懂反抗，他们拥有极强的生命力。

"活着"的这个群体是社会构成的基础，他们处于金字塔底部，所占比例最大。

他们如工蜂如蚂蚁如棋子，茫茫无数，辛勤耕耘，默默无闻，任人摆布。

他们不是"人才"而是"人力"，不是"劳心者"而是"劳力者"。在社会结构上，他们往往有也五八，没有也四十，有没有都一样，不为人注意，也不想为人注意。他们极其容易被遗忘。但是，他们是社会的组成部分，没有他们，整个社会便会陷入瘫痪，甚至灭亡。

第二种情况是不为生计担忧忙碌，甚至可以说物质生活优越。但他们只是生理上的活着，或只是一种事实存在。

他们无忧无虑，无牵无挂，什么爱好都没有，什么都不感兴趣，无所事事，无所追求。

这些人信奉"好死不如赖活着"，混一天是一天，活一天赚一天，今天不问明天事；他们苟延残喘，没心没肺，什么都不关心，什么都无谓。

这些人往往自诩为"新潮""前卫""与世界接轨"，他们之中有些人极其容易沦为生事的根源，家庭的拖累，社会的渣滓。

第二个层次：体面地活着

体面是什么？体面是光荣、光彩、荣耀，体面是不卑不亢、得体大方、气质高贵。

体面是不邋遢、不寒碜、不寒酸、不丢人、不尴尬、不猥琐。

体面不是衣着光鲜，不是雍容富贵，不是虚荣浮华，不是物质层面的东西。

体面是一种感觉，一种能引发自尊并为此惬意的感觉。

体面不是"装酷"，不是张扬，不是炫耀，而是一种自信，一种从容，一种高贵气质，是尊严的一种外在表现及自然流露。

体面地活着，是庄重地活着，有尊严地活着，有价值地活着，受人尊重地活着，遵守规则地活着。

最起码是有尊严、不恳求、不巴结、不累赘、不依附，能够独立地活着，不需要别人怜悯和同情，不需要别人特别的关心和照顾，更不需要别人的施舍与救济。

做官是体面，可以光宗耀祖，可以衣锦还乡。但是体面不体面，不在于做官不做官。

换句话说，做官不等于体面，不做官也不等于不体面。

常见有些官员，台上讲的一套，背地里做的一套；在位时威风凛凛、贪得无厌、风光无限，但联想到他将来被双规时的落魄模样，这还体面吗？

有人做了官，整天趾高气扬或处于前呼后拥之中，好像是很"体面"了。但如果见了上司，就跟在上司的屁股后面，胁肩谄笑，摇尾乞怜，像宠物见了主人一般，恐怕也不够体面。

如果不做官，但能做好自己的事，而且比别人做得更好；或者在某一个领域做出了突出的成绩，因而被人表扬、赞赏、羡慕、拥戴，甚至由于他的耀眼、他的"风光"使得他的一举一动引人注目，或经常成为热议的对象和妒忌的焦点，当然也很体面。

如果对别人对社会有所奉献，他存在得有了价值，取得了"不可替代"的地位，则更为体面了。

体面与金钱有关系。但是体面不体面，根本上不在于有多少钱。

换句话说，有很多钱不等于拥有体面，没有很多钱也不等于不体面。

常见报道，我国"先富起来"的那部分人，他们一掷千金，骄横跋扈，在国内国外的诸多令人不齿、令人汗颜、令人作呕的种种表现，表明他们并不体面。

一个学生的家长，夫妻双双下岗，靠打工、采山野菜、拾荒赚钱，供养孩子上大学，这行为恰恰体面。

我的一个朋友是三轮车夫，每天起早贪晚出工，风霜雨雪不误，供孩子念书到了大学，而且不求救助，当然也是体面！

网上见一老妇，已经沦为乞丐，但她仍然将一元纸币放到路边的一个盲人乞丐的纸盒中。她那放钱的动作感动了我，感动了所有的网民，那一瞬永远定格在我的心中——我感到了她的体面在于品德在于气质在于精神，不在于身材相貌是否伟岸与美丽动人，甚至不在于肢体的健全与否。

一句话，体面不体面，与身份高低无关，与光鲜华美无关，与钱多钱少无关，与形体相貌无关。富而不骄体面，官而不傲体面，贫而不卑也体面，残疾而不沦落也体面。

体面是高贵的。我相信，只要是正常人，谁都不会厌恶体面、拒绝体面，都想体面地活着。然而，活得是不是体面，不是你自己说了算，要靠别人来评判。我想我们都能约束自己，将自己塑造成一个活得体面的人。

第三个层次：明白地活着

明白地活着属于精神层面的活着。就是有信仰有追求地活着，明明白白清清楚楚地活着。明白自己是谁，明白自己为何而生，明白自己的处境，明白自己活着的目的，明明白白地知道如何对待今天和今天与明天的关系，明白自己的最终归宿，不浑浑噩噩混日子。

人总得有点信仰，总得有点追求。

信仰是人的精神支柱，没有信仰的人心灵肯定是空虚脆弱的，就像缺了钢筋的水泥土。

有了信仰才能活得高尚，有意义有价值。

明白地活着就是有追求地活着。有信仰，有理想，有追求，有事业。每天都有自己的事业和安排，并为此进行孜孜不倦的追求和奋斗。他们精神生活丰富，不浪费时间，不浪费精力，每天都做自己想做而又能做的事业。

除了佛教、基督教、天主教等宗教人士外，古今还有很多的先贤仁人志士活得清清楚楚明明白白。

如各种高尚的"主义"的信仰者们——革命先烈李大钊、陈独秀、瞿秋白、孙中山、邓演达、廖仲恺、何香凝……都曾明白地活着。

还有，陶渊明活得明白，他"不为五斗米折腰，向乡里小人"，愤而"归去来兮"；苏武活得明白，他宁死不屈情愿北海牧羊十九年也不投降匈奴；李白活得明白，他宁可"即骑访名山"也不"摧眉折腰事权贵，使我不得开心颜"；杜甫活得明白，他"安得广厦千万间，大庇天下寒士俱欢颜，吾庐独破受冻死亦足"，多么高尚的情怀！文天祥活得明白，他深深懂得"人生自古谁无死，留取丹心照汗青"；鲁迅活得明白，他的"横眉冷对千夫指，俯首甘为孺子牛"值得永远景仰！还有许多许多……

这些人，他们的骨气、志节、人格，不丧失追求的精神，即使再过千年万年，不，只要人类存在，就永远流传，化为人类的灵魂。

要想明白地活着，就要弄清楚"明白"的是什么。"明白"的是什么呢？归根结底，人生有两个根本的问题——"怎么活"、"怎么死"，需要参透。参透了这两个问题，才能活得有价值有意义，才能活得明白活出档次。古今中外活得明白的人当中，无论大人物还是小人物，无一例外，他们都有一双慧眼，都将这两个问题弄得"明明白白，清清楚楚，真真切切"，并躬身实践。

生命是神圣的，不可亵渎的，不可挥霍荒废的。明白地活着就能"流芳百世"，不明不白地活着就可能"遗臭万年"，浑浑噩噩朦朦胧胧地活着就要默默无闻湮没在茫茫空间而不留痕迹。

我们好不容易活了一回，总得珍惜生命，活得明白一点。

35　真正的朋友不是占有

西班牙著名画家毕加索是一位真正的天才画家，他和他的画在世界艺术史上占据了不朽的地位。

据统计，他一生共画了 37000 多幅画。

毕加索说："我的每一幅画中都装有我的血，这就是我画的含义。"

全世界拍卖价前十名的画作里面，毕加索的作品就占了 4 幅。毕加索在世时，他的画就卖出了很高的价格。

他的身边总是有许多人渴望从他那里得到一两张画，哪怕是得到他顺手涂鸦的一张画，也够自己一辈子吃喝不愁了。

一次，他在一张邮票上顺手画了几笔，然后就丢进废纸篓里。后来被一个拾荒的老妇捡到，她将这张邮票卖掉后，买了一幢别墅，从此衣食无忧。可见毕加索的画，每一笔、每一涂，泼洒的都是金了啊。

晚年的毕加索非常孤独，尽管他的身边不乏亲朋好友，但是他很清楚，那些人都是冲着他的画来的。为了那些画，亲人们争吵不断，甚至大打出手。

毕加索感到很苦恼，他身边一个能说说话、唠唠嗑的人也没有。尽管他很有钱，但是买不来亲情和友情。

考虑到自己已年逾 90 岁，随时可能离开人世，为了保护自己画作的完整性，毕加索请来了一个安装工，给自己的门窗安装防盗网。就这样，安装工盖内克出现在毕加索的生活中。

盖内克每天休息的时候，会陪毕加索唠唠嗑。盖内克憨厚、坦率，没有多少文化，看不懂毕加索画的画，在盖内克眼里那些画简直一文不值。

毕加索常常将眼睛瞪得很大地看着盖内克，盖内克给了他一种豁然开朗的美好。他看懂的只是手中的起子、扳手。但是，他很愿意陪毕加索唠嗑，他觉得老人很慈祥，就像是自己的祖父。

阳光从窗外泼洒进来，照在盖内克身上，像给他披上了一层金色的羽毛。毕加索看着眼前的盖内克，就像是一尊雕塑，有一种令他眩晕的美。他情不自禁地拿起画笔，顺手为盖内克画了一幅肖像。

他把画递给盖内克说："朋友，我为你画了一幅画，把它收藏好，或许将来你会用得着。"盖内克接过画，看了看。他没看懂，又把它递给了毕加索，说道："这画我不想要，要不就将你家厨房里的那把大扳手送给我吧，我觉得那扳手对我来说更重要。"

毕加索不可思议地说道："朋友，这幅画不知能换回多少把你需要的那种扳手。"

盖内克将信将疑地收起那幅画，可心里还想着毕加索家厨房里的那把扳手。盖内克的到来，一扫毕加索往日淤积在内心的苦闷，他终于找到了倾诉的对象。

在盖内克面前，毕加索彻底放下了包袱，丢掉了那层包裹着自己的面纱。他像个孩子一样与盖内克天南海北地交谈，高兴之时，还手舞足蹈起来。为了能与盖内克唠嗑，毕加索将工期一再推迟，只要能与盖内克在一起说说笑笑，就是他最大的快乐。

其间，毕加索又陆陆续续地送给盖内克许多画，包括他自己视为珍宝的画。他对盖内克说："虽然你不懂画，但是你是最应该得到这些画的人。拿去吧，我的朋友，希望有一天它们能改变你的生活。"

安防盗网这样一个小小的工程，盖内克前前后后竟干了近两年。盖内克更多的时间是陪毕加索唠嗑。不承想唠嗑使90高龄的毕加索变得精神矍铄。那些日子，毕加索又创作出许多作品，成为毕加索创作的又一个高峰期。分别的日子终于到了，盖内克离开了毕加索，又四处寻活去了。

1973年4月8日，93岁的毕加索无疾而终。此后，他的画作价格更是扶摇直上，成为当今世界上最昂贵的画作之一。

还在四处打工、日子过得非常艰难的盖内克，得知毕加索逝世的消息悲痛万分。

他想起毕加索曾经赠送给他的那些画，于是匆匆地赶回了家。他爬上小阁楼，翻出一个旧皮箱。打开小皮箱，把里面的画拿出来，一张一张地清点下去，发现这些画共有271张。

盖内克惊呆了。他知道，他只要拿出这里面的任意一张画，就可以彻底改变他目前的生活。看着这一张张画，毕加索的音容笑貌仿佛又在眼前浮现。"你才是我真正的朋友！"毕加索的这句话，在他耳旁一遍遍地响起。他的眼睛不知不觉湿润了。他将这些画又仔细地放回皮箱，重又收藏在阁楼里。他没有对任何人说起过这些画，包括对自己的家人，像往常一样外出干活。绝对不会有人想到，这个毫不起眼的安装工，竟是一个超级大富翁。2010年12月，一个石破天惊的新闻震惊法国：年逾古稀的安装工盖内克将毕加索赠送给他的271幅画，全部捐给了法国文物部门。价值1亿多欧元。

有人感到困惑和不解，老人拥有这么多毕加索的画，为什么坐拥金山不享受，要全部捐出来呢？

盖内克回答记者提问时说："毕加索曾对我说：'你才是我真正的朋友'是朋友，我就不能占有，只能保管。我把这些画捐出来，就是为了让它们得到更好的保管。"

我们总有一天，也会不久于人世。再多的物质，也终将是过雨云烟，何必再执着于人生呢？

36 学会接受不公平的世界

比尔盖茨说过，"人生是不公平的，习惯去接受它吧。"

其实，这个世界不公平的事很多。你说你辛辛苦苦复习了一个月，却比不过他只看了三天书，却正好押到原题。你还说为什么你们两个同时有了创业想法，你迫于没有资金而暂且搁置，他却因为家族的支持而把事业越做越大。你说你因为是女性，所以求职四处碰壁，而那些各方面能力都不如你的男人却轻而易举得到你心仪的职位。你说你再努力练习，都无法赶超那个音乐天才，人们永远只记得住第一名，那还要第二名第三名干什么。你说你每天都要为三餐发愁，而有些人却能生下来就锦衣玉食。世间的不公平又岂会仅仅有这些，太多太多。但是你能做的，只有面对现实，承认结果。

在《故事会》中讲述了这样一个故事。

有个人一生碌碌无为，穷困潦倒。这天夜里，他实在没有活下去的勇气了，就来到一处悬崖边，准备跳崖自尽。

自尽前，他号啕大哭，细数自己遭遇的种种失败挫折。崖边岩石缝里长着一株低矮的树，听到他的经历后，也忍不住流下了泪水，跟着"呜呜"地哭了起来。这个人见树也哭了就问："难道你也有不幸？"

小树说："我是这个世界上最苦命的树，生在岩石的缝隙间，营养不足，环境恶劣，枝干不得伸展，形貌生得丑陋。我看似坚强无比，其实是生不如死。"

人说："既然如此，为何还要苟活？"

树说："死倒也容易，但你看到我头上这个鸟巢没有？此巢为两只喜鹊所筑，一直以来，它们在巢里栖息生活，繁衍后代，我要是不在了，那两只喜鹊怎么办呢？"

人忽有所悟，马上从悬崖边退了回去。

其实，每个人都不只为自己活着，无论怎么渺小——即使再卑微的人，也是一颗伟岸的树。

我深深地赞同这个故事。我将放弃为自己而活的权利，只为我所珍爱的亲人活着。

薛之荔说过这样一句话：你说得对，这个世界的确不公平，想要公平只能用自己的实力去逼着这个世界不得不对你公平。不公平，这是一个永恒的话题。永远都会有人觉得这个世界不公平。找不到好工作不公平，买不了房不公平……千千万万个不公平都会出现。关键在于，你是否有一颗坦然的心。如果不公平，那你就努力，去寻找话语权，甚至是改变权。

这世界虽然不公平，可能你努力一辈子都赶不上某些人，但这段努力奋斗的过程却是你生命中最难忘的经历。同时，这个世界最好的公平也是对每个人都不公平。在这个不公平的世界，你不仅要输得起，也要赢得漂亮。

37　成功的背后都是痛苦地坚持

我们总是羡慕别人光鲜的生活，虽然知道光鲜的背后是不为人知的苦痛！但是我们只能用羡慕和嫉妒来表示，尽管那个人没有我们优秀，没有亮丽的外形，可是我们最终还是会以羡慕来概括。

我们羡慕有钱人，有钱人的生活和有钱人的态度，可是你想过吗？这背后都是我们吃不了的苦！苦难可以成就人生，我们吃过的苦决定我们可以成为什么样的人！能坚持下来的人不过是把所有该受的苦都一一尝遍罢了。

当你羡慕别人可以开着好车享受的时候，别忘了他是如何一步一步走到今天的，别人亮瞎眼的学历，是如何得来的，背后不是知识加技能的积累吗？背后不是格局的奠定吗？如果你还停留在名牌大学出来也是扫地这样局限的格局，那么无人可以帮助你。就如昨天和同事一起回家的时候，聊到感情这一话题，同事说的是你处于什么样的圈子，就会遇到什么样的人，如果你不想就这样，那么你就要突破自己的社交圈子才可以。就算别人跟你介绍也是会依据你自身的条件来介绍的。所以我们看到明星嫁入豪门不很正常吗？自身的身价就摆在那里，双方不是旗鼓相当会有机会接触吗？

伟大的背后都是苦难，成功的背后都是坚持！在任何行业、任何专业，不要看他暂时的风光，不能吃苦的人，不能坚持的人，都会一事无成！不付出想得到大回报，所以才犯罪；小付出想得到大回报，所以才犯错；事实上，大付出才会有大回报。

看到舞者照片，心灵被瞬间震撼；看那脚趾的特写，是苦难凝成的花瓣；那一支支曼妙的舞蹈，是岁月蹁跹的脚尖。哪一个成功的背后，没有虐心片段；哪一个成功的事业，不经坎坷忧患；哪块钢不沥淬火，能经力的锻炼；哪柄锋不经磨砺，能成寒光宝剑。"世界不会在意你的自尊，人们看的只是你的成就，在你有成就之前，切勿过分强调自尊。"

成功的背后都是坚持！有所坚守，必然有所放弃，两者相辅相成，守得住才能放得下，放弃该放弃的，才能守住该守住的。守正心神，守身如玉，坚守信念，环境再变，市场再变，诱惑再多，也奈何不了你。如果你没有前几年坚持的能力，你就没有后几年选择的权利。

成就任何一个事业，没有主心骨、没主见、没信仰、没有操守和品格，很难做到坚守不移，不生二心，纷乱繁华不浮躁，时移世易不动摇，才永葆本色。丝竹乱耳，浮躁搅心，为外物所役，为名利所困，失足、失节、失身，都是失了主心骨。明其守，即明大义、明事理、明得失，做人做事有根有准有底，坚守就落到了实处。一些人坚守不住，不明其守是要害，"不明"导致"不清"，视行贿受贿为人之常情，视急功近利为升迁捷径等，耍了小聪明，丢了大明白，必然跌跤。

让自己痛苦的从来不是他人，是心态。让自己害怕的从来不是他人，是软弱。敢于直面真实的自己才能拥有自己，而非人云亦云。敢于直视自己的缺点并不断自我完善的人，才会拥有所谓幸福的人生。真正毁掉自己的不是他人，是没有勇气改变命运的自己。真正成就自己的并非所谓难得一遇的好运，而是不断勤奋修炼自己的刻苦努力。想到达什么位置，必须付出与之相配的努力。成功之所以艰难，是因为坚持下来的人少，贪图享受的人多。现在开始也不晚，从何时开始都不晚。关键是踏实努力地坚持下去，就会有所成就。

男人成功是责任，女人成功是价值！人生，就是一场自己与自己的较量，在每一个充满希望的清晨，告诉自己：努力，越努力越幸运！坚持，坚持才能得胜利！

38 支付宝对我们生活的冲击

移动支付是我们国内的一大特色，现在发展得很快，已经走到了世界的前列，这是毋庸置疑的。支付宝正是移动支付的领头羊，是它开启了移动支付的新时代，让我们享受便捷的生活。

2017年2月份，支付宝称，"未来五年的时间内，要打造一个无现金社会"。这在当时手机支付逐渐流行的背景下看起来是可以实现的，但通过多方面考虑，由于一系列的局限性，似乎又限制了其发展。不过从现在看来，在消费者身上利大于弊，确实给我们生活带来了便利。

支付宝的功能的延伸，正让生活中的不可能变成了可能。"出门不用带现金，一部手机就搞定"，这不仅仅是互联网技术发展最直接的体现，也是带给用户最深刻的感受。在外吃饭、住宿、乘车等等，已不再需要拿出一张张现金进行交易，用手机扫码支付的方式已变得司空见惯。

支付宝给我们带来了巨大的变化，生活中各个方面都和支付宝有关系了，比如旅游订酒店，买火车票和机票，充话费和流量，买电影票和出门打车，个人理财以及收付款等等。

最大的变化就是，现在平时生活中我们大多数人，出门可以不带钱，但是不可以不带着手机，因为一大部分的原因就是手机里面有一款和我们生活息息相关的软件，这也就是支付宝。

支付宝是阿里巴巴公司推出的一个手机应用软件，它所涉及的领域十分广泛，可以说涉及我们日常学习和生活的方方面面，基本是无孔不入。

　　其次的变化还是日常买卖交易方面的，之前我们生活中都需要现金和货物交易，一手交钱，一手交货，可是自从有了支付宝，就不再是这种形式了，而变成了一手扫码付款，一手提货，这一个交易方式的改变，让我们的日常交易变得十分方便，避免了找零钱的烦琐，以往很容易有找零钱的情况，比如五毛或者一毛的。

　　最严重的找零现象当然是出现在超市，以前可能还会出现几分钱，一分两分五分都能见到，现在这种情况都不存在了，直接都是支付宝付款，我们实体银行卡里面的钱存在支付宝里面，就可以用这个软件来进行交易，钱都在虚拟的网络世界上。

　　还有就是也避免了现实中丢大量现金的情况，你现在把钱放在支付宝里面，而且可以设置数字安全密码和指纹密码，基本保证了你的资金安全，避免了钱财的丢失，要像之前的话，兜里揣的钱太多了，就会有掏兜丢钱的烦心事。

　　同样，在以支付宝为代表的第三方互联网支付软件中，对我们生活的影响绝不仅限于此，它还渗入到中国传统节日之中，既增加了节日喜庆氛围，又弘扬了中国的传统优秀文化。在之前的除夕夜，各大互联网平台推出的红包大战，主办方送出了福利，参与者也乐不可支。还有支付宝推出的集五福活动，正逐渐成为新的年俗等。

　　支付宝的便民性还体现在推出的多项人性化服务上，根据不同的用户需求，制定不同的优惠方案，比如之前推出的扫码挪车服务、车牌付以及支付宝乘火车送里程等等，前者针对有车一族，后者是对于远行的群体。这一切的一切，都与时俱进地为大众提供更加方便的网上消费服务。

　　用支付宝的人肯定都知道蚂蚁森林，而且绝大部分的人都会经常偷好友的能量，让自己的小树快点长大，虽然这需要很长一段时间，但是大多数人都乐此不疲。更重要的是，有很多棵树被点亮，真的在沙漠里有自己的一棵树。我们都知道众志成城，中国的经济在突飞猛进的发展，已经有成万棵甚至更多的树让沙漠变成了绿洲。不得不说马云爸爸的创新不仅为中国的经济做出了贡献，还为环境保护做出了巨大贡献。

虽然支付宝等互联网平台给我们生活带来极大的便利，但也要时刻保持警惕的状态，预防不可估量的金融风险。相信支付宝等平台通过不断的完善，将成为人们更加信任的伙伴，带给大家更多惊喜。

39　各取所需是最好的
　　生活方式

　　所谓物以类聚，人以群分。每个人其实都是明码标价的，金玉换绸缎，粗麻换禾柴，你是什么样的人，你的圈子就是什么样的。人际关系讲究的是各取所需，没有价值，自然会被他人弃之如敝屣；有足够的价值，宾客八方来至。

　　这世界真的很公平。总是牺牲一些，得到另一些。忍受一些，收获另一些。人性难免贪得无厌。我们习惯了做加法，总想在现有的基础上加一点，再加一点。我们总要求对方好一点，再好一点。

　　一哥们儿托我找工作，要求"钱多事少离家近，位高权重责任轻"。我说大哥，有这样的好差事，我早就自己去了。

　　谁都不是变色龙，无法根据你的喜好只呈现你最爱的款。人的 A 面和 B 面，从来都是相生相息，互为呼应。你逼他完全戒掉缺点，优点也难免唇亡齿寒。

　　我们都带着瑕疵活着。你接受不了我最坏的一面，就不配拥有我最好的一面；你享受了我的优点，就请无条件接纳我的缺点。

你不优秀，认识谁都没用

　　在读书的时候，很多人都会得到父母这样的叮嘱：多跟学习好的同学待在一起。所谓"蓬生麻中，不扶而直"，不可否认，跟优秀的人在一起，自然会潜移默化地被影响。

　　但是如果把"认识谁"当成实力，那就是本末倒置了。我一个同事热衷于积累人脉，相信多认识一个人，就多份资源。上个月，一位行业大咖来公司进行交流，在交流会结束后，她迫不及待地就加了大咖微信。当天晚上，她就特地以交流会的问题来询问大咖，按她的话两人聊得挺投机。她一个劲儿地说我们几个傻，不懂得把握这种认识牛人的机会。没过几天，她发现那位大咖发了一条这样的朋友圈：因为微信人数已满，需删除一些联系人，望请见谅。她利索地点了个赞，还跟我们夸说，大咖就是大咖，有个性。谁料到，等隔天她再发微信，发现那位大咖已经把她删除了。你把人家当作可以助你平步青云的贵人，人家把你当作可有可无的过客。

你的实力才是你的底气

还是王小波一针见血："人的一切痛苦，本质上都是对自己的无能的愤怒。"工作的这几年，我也会有这样懊恼：如果专业知识更扎实一点，在处理事情上也不会那么捉襟见肘。如果自己能力够强，也许现在又是一番光景。很多事情上的不如意，归根结底都是自己的实力匹配不上自己想要的生活。优秀的人，世界之大，无不是他的去处，就算孑然一身也不忧不惧。

无聊是非常有必要的，一个人在空白时间所做的事，决定了这个人和其他人根本的不同。你坚持下来了，而别人坚持不下来，这就是你的资本。怕什么真理无穷，进一寸有一寸的欢喜，无论多么不重要的一件事，只要乐在其中，都会获益无穷。

40　家庭教育的重要性

　　家庭教育是对孩子健康成长不可缺少的一种教育，有学校教育、社会教育不可代替的作用，孩子成长过程中的大部分时间其实是在家庭中度过的，孩子的全部生活始终与家庭小集体有密切的联系。在家庭中，随着社会进步和社会结构的复杂化，更凸显家庭教育的重要。

　　俗话说，父母是孩子的第一任教师。孩子从一出生下来，父母就和孩子在一起，孩子的语言文字学习、心理思想态度、行为举止习惯的养成都受到父母的熏陶和感染，其影响作用是非常大的。但是，有的家长没有意识到，家庭对孩子教育的影响。因此，做好家庭教育对学生身心健康成长是极其重要的。

　　孩子从小就是学着大人的样儿长大的，上学后，家庭教育是学校教育的重要补充。可以说孩子的品质、性格养成主要依靠的是家庭教育而不是学校教育。

　　介绍你看一下下面这篇文章：《家庭教育的重要性》。

　　一、现代社会，家长们正面临着空前的、史无前例的、严峻的独生子女教育问题。

　　多子女的家庭，父母是一层，子女们是一层，形成一个完整的社会关系。独生子女家庭，就只有父母一层，一个孩子形不成一层社会，是不完整的社会关系。

　　老祖宗没有给我们这代人留下教育独生子女的经验。以前，都是多子多福的概念。例如：过去的社会，一个家庭有几个孩子，经常为一件事"争抢"。孩子们之间"抢着"吃饭，已司空见惯，从小就养成了一种"竞争"意识。现在的家庭，多数为独生子女，父母事事让着孩子，连喂饭都是家长追着孩子一口一口地喂。独生子女在家庭里，没有"抢"东西的伙伴，孩子缺少竞争对象。

独生子女摔倒后，就会哭，做家长的恨不得8个人一起去扶他。但孩子不是因为摔疼而哭的，是孩子看到家长惊慌的样子吓哭的。你不扶他，他就不起来。这样的孩子就会变得"娇气"。这种现象很普遍。如果家里有几个孩子，一个孩子摔倒了，当父母的不一定会顾得过来去扶他，他就不会依赖别人，自己就会站起来。这样，孩子就会养成什么事都要依靠自己的好习惯。

独生子女的家庭，父母都是让着孩子的。做家长的不跟孩子一般见识，有的孩子打大人时，大人却不敢打孩子；玩游戏时，孩子只能赢不能输；孩子喜欢什么，家长就送到身边。不喜欢的东西，家长就不让它出现在孩子面前等等。这些使孩子养成了一种"唯我独尊"、什么都要是第一、不能吃亏的思想。独生子女长大后到学校或走上社会就很有可能"吃不开"。因为离开了家庭后，没有人会像父母一样让着他们。他们一旦遇到挫折时，就会感到这个世界变了，受不了，甚至厌学或讨厌社会。这时候，就需要家长们在适当时候"跟孩子一般见识"，扮演兄弟姐妹的角色，故意跟孩子抢东西。孩子打父母，父母也要打孩子。让孩子从小认识这个世界不是为他一个人准备的，否则孩子成长不起来。

很多独生子女缺乏责任感。这是由于家长从来没有让孩子对一件事负过责任，责任都让家长承担了。没有对事情负过责任的孩子，他的责任感又如何产生呢？所以这样的孩子一旦走进学校，老师要求他们承担很重的学习任务时，他们非常不习惯，千方百计地逃避，上课不安心听讲，作业磨磨蹭蹭甚至不能完成。其主要原因就是缺乏责任感的培养和锻炼。

如今的家庭教育是一次性的，一旦出错，很难有改正的机会。过去有些人老大没教育好，接受了教训，老二就可以教育好，现在没有这种机会了。孩子幼儿阶段没教育好，到小学阶段再来补救的话，效果就差远了。因为孩子的每一个成长阶段都有它的规律和特点。

　　做父母的要把自己的孩子送出去，把别人的孩子引进来，让独生子女多跟小伙伴们接触。

　　家长不能满足孩子的一切要求，要把孩子的要求分成两类：一是合理的要求，二是不合理的要求。好孩子不能养成任性的毛病，任性的孩子都是父母娇惯的。

　　家长的刀子嘴、豆腐心是最坏的教育方法，破坏了孩子的自尊和自信，破坏了孩子的自理能力，造成了孩子的任性、依赖和无能。还说明了家长不能控制自己的情绪，显然是心理不够健康的表现。一个心理健康的家长要把孩子看成是独立的人，尽可能地帮助孩子成长。成长主要是孩子的事而不是家长的事。对于孩子，家长是一个指导者、可靠的朋友和坚强的后盾，而不是指挥官，不是奴仆，也不是救星。

　　二、总体来说中国社会从没有像现在这样富裕过。现在我们的生活是从困难到温饱再到富裕阶段。

　　我国有句老话讲"穷人的孩子早当家"，很多穷人家的孩子都考上了大学。这是因为他们从小生活在一个贫穷的家庭里，他们知道只有奋发图强，才能摆脱困境。而有些家长，给小孩子很多的钱，孩子拿着钱怎么能好好学习呢？这些家长们还说我给孩子这么多钱了，他都不好好学习。这是拿钱买孩子学习，有再多的钱也买不来好孩子。大家应该明白，世界上还有比金钱更能吸引孩子们学习的东西。做父母的应该认识到，"钱"离学习远，离吃喝玩乐近。给孩子很多的钱等于把孩子引向了吃喝玩乐的企图。等孩子长大后就不会挣钱，只会花钱。因为钱都父母给的，没有了可以向父母再要。这种培养孩子的方法是行不通的，是错误的，更是十分危险的。

有些家长给孩子买很多贵重的玩具，可孩子们却不喜欢玩。他们对沙子、泥、水感兴趣。这是为什么？因为孩子们没有价值观，贵重玩具不适合孩子们玩，而水、泥和沙子等更能让孩子们随着他们的意愿移动、变化，使孩子们看到了自己的力量，所以孩子们都喜欢玩。

由于独生子女和家长素质等原因，我们的许多家庭都变成了"家庭特区"、"家庭温室"。家庭与社会温差太大，在家里对孩子实行的是过度保护和包办代替，孩子根本没有多少自主自立的机会，当然他也就没办法长大。家长实际上是"不允许孩子长大"。家长在生活上过分迁就孩子，骑名牌自行车，穿名牌衣服，不停地给零花钱，搞"超水平消费"等，这些都引导孩子向吃喝玩乐方面迅速发展。结果使孩子适应社会的能力严重滞后，消费欲望则极大的膨胀起来，挣钱的本事没学来，花钱的能耐却比家长还大。

做家长的即使再有钱，也不能在孩子面前摆阔，要适当装穷。早先那句"再穷也不能穷孩子"是错误的，应该是"再富不能富孩子，再穷不能穷教育"。钱包越鼓，家长们的知识也应该越多。家长不应该越位，有责任满足孩子的基本需要，但不能满足孩子们的贪婪和虚荣心。为孩子的成长敢于"奉献"是好的，但不能当"奴隶"。为孩子敢于"奉献"与给孩子当"奴隶"不是一回事，两个概念混淆了，就会毁掉孩子和家长。

已经做了父母而准备不足的人必须赶快补课，刻不容缓，因为你不能对孩子说："孩子啊，你慢些长，等等我，我正在学习怎么样做父母。"

三、当今是信息封闭转向信息开放的年代，广播、电视、互联网，包括一些不健康的信息，孩子们有很多的知识来源。孩子们的小脑袋不能正确处理这些知识，导致孩子们不爱学习。老师的课讲得再好，也比不过说评书的，内容再精彩也比不过"小燕子"。这不能怪孩子们厌学，因为有更吸引孩子们的东西在与学校和老师争夺孩子们的注意力。家长为了提高孩子的学习成绩，不是逼孩子学，就是打孩子，造成一些孩子离家出走。现在的年代，要求家长学会比广播、电视、互联网更能吸引孩子们的学习方法。这是一门很高的艺术。表面上看，电视会影响孩子们的学习时间，其实这只是小事，关键是电视卡通片之类的都是图像思维，孩子们经常看这种带画片的东西，就养成了没有画片的书不爱看。因为上学以后尤其是初中高中，书本上不是字体就是公式，都是抽象的东西，孩子们就不爱学，感到学习可怕，枯燥乏味，没有画片那样能吸引孩子们的眼球。

对这种畸形发展，电视起了很大的作用。长时间看电视，使孩子的动手能力大大降低。因为看电视既不需动手，也不需要动口，只要用眼睛耳朵就行。电视培育了孩子一种虚拟的生活态度，就是喜欢看别人怎么活，让别人替自己活着，而不是自己亲身去创造生活，这必然会阻碍孩子的成长，弱化了他们的能力。另一方面，电视又极大地刺激了孩子们的娱乐心理和性意识。电视为了俘获观众，第一条原则就是要"好看"，里面充满了娱乐，并打破了成人与孩子的界限。有些话成人可以背着孩子说，电视不管那一套，什么都说，大量泄露了成人的秘密。孩子很早就听到许多他们不该听到的话，看到了许多他们不该看到的镜头。可见，单从负面作用来看，电视同时做了两件坏事：既让孩子长不大，又促使孩子畸形发育。

这样的孩子一旦走进学校，特别是走向社会，就会显得呆头呆脑，笨手笨脚，与人无法交流，遇事没有办法，总是喜欢退回到自我的世界中去。

　　四、现今的家长们已经从让孩子们谋生转为全民望子成龙阶段。原来只要找个能吃饱饭的"饭碗"就行了。现在不一样了，时代变了，家长们要保持心态平和。原来都是家长跟着学校跑，让孩子们听老师的话，现在是家长们从后勤服务型向全方位辅导型转变。很多家长都帮老师给孩子们听写生字，检查作业，成了"二老师"。孩子做完作业，家长还会让孩子做另外的辅导题。孩子做得多，做得快也玩不成，就会边玩边做题，这样孩子们能学习好吗？孩子们应当比大人们玩的时间更长些才对，家长逼着学，看着学，这都是不对的。

　　很多家长都已经把对学校的附属性转向了自由性，家长们有自己的想法，有自己的教育孩子的方法，不跟着学校跑。因为学校是集体教育，不能因材施教，只有家长才能做到这点。家长可以根据自己孩子的特点，采取相应的教育方式。家长一方面要尊重学校，尊重老师，不拆学校老师的台，一方面要有自己的一套教育方法。孩子的前途是家长的事，学校和老师只是"铁路警察"，只管孩子一生中某个阶段的教育，而家长是孩子的第一个老师，也是终生老师。

　　许多家长都特别注意孩子的学习成绩，因为它对孩子的未来作用很大。那么学习成绩的好坏是由学校教育的水平决定的吗？不一定，应该说，它在很大程度上是由家庭教育决定的。因为家庭教育决定了孩子的学习心理状况，而学习心理在学习的各种因素中是最重要的。

　　什么是学校教育和家庭教育二者真正有效的配合？应该是各司其职，各自发挥各自的优势。如果学校有意无意迫使家长当"学习辅导员"和"监工"，势必造成家长的角色混乱，最后"助教"

没当好，家长也没当好，形成学校教育和家庭教育表面的"一致"，而实际上的分裂。家长最主要的优势是亲情，最主要的任务是培养孩子良好的非智力因素，不能做对于家长是外行的事——学习，学习这方面是学校在起导向作用的。

谁不重视家庭教育，谁就是在破坏自己和家庭的幸福。

家庭教育常常不只影响一代人。那些优秀的家长，不但能把子女教育好，而且能保证隔辈人成才。因为他们建立了好的家风，好的家教传统。所以，家庭教育将影响家庭的未来，不可不慎。

人类绝不能以牺牲环境为代价来换取工业的发展，这已经成为常识；同样，我们也绝不能以牺牲孩子的身体健康、心理健康、道德健康为代价来换取高升学率，换取家长"望子成龙"的满足。不久的将来，这也必将成为人们的共识。

41 中国当前的房价问题分析

关于房地产市场的讨论，是当前宏观经济领域讨论中问题最多、意见最不易统一的领域。鉴于此，我认为目前要选择从长期看来是正确的调控政策，必须先就讨论中经常出现的似是而非的观点，从宏观角度予以理论上的澄清。基于澄清后的正确认识，可以说调控房市的长期政策倾向本应是清晰的、简单的。

2018年国内楼市继续趋紧，各地限售限贷政策频出。2018年是历年发布房地产调控政策次数最多的一年且政策执行严格。截至国内楼市调控政策合计发布高达410次，商品房成交量创下几年来同期最差成绩。

不过调控次数再多成交量再低仍然是"治标不治本"，对于大部分老百姓来说房价只有真真切切地下跌才是最实际的。那么2018年房价到底跌了吗？

根据统计局公布的2018年10月70个大中城市新房和二手房销售价格指数来看，70个大中城市中与2017年同月相比价格下降的城市有3个，上涨的城市有67个，持平的城市有0个，同比价格变动中最高涨幅为22.4%，最低为下降1%。

换言之，410次调控政策下近一年房价下跌的城市就只有3个，70个大中城市有67地房价还是在上涨的占比95.7%。

与两年前相比70个大中城市中有50多个城市新建商品住宅均价同比涨幅超过10%，西安、贵阳、海口、徐州等20多个城市涨幅超过20%。

关于房价的长期与短期问题

媒体上经常将上海、北京的房价与香港比，认为中国房价将持续上涨。确实，如果看好中国经济持续高增长和再过 20 年经济总量将逼近美国、中国人均收入水平不断提高的前景；如果看好中国经济在进一步提高全球化水平过程中城市化进程的加快，北京、上海等大城市将更加繁荣这一历史必然。并且由于土地资源有限，从长期看，房价会呈上涨的趋势。

但是，也应该看到，经济周期调整的因素，以及房地产市场尚未成熟，政策尚需不断完善的因素，人口老龄化，城市独生子女家庭继承双方父辈房产逐渐增多的因素，或是宏观政策出现重大失误后的调整因素等等。由于诸多的不确定性，决定了在某个历史时期，房价未必一定是涨，也许是跌，或者涨的趋势根本不是现在人们所预期的走势。因此，投资房市特别是借钱进行投资，也许就会遭到严重损失，甚至是倾家荡产。所以，讨论房价问题，要防止舆论上将长期与短期问题混淆。

关于民生与市场的问题

经过近几年对房地产市场宏观调控政策的摸索，人们越来越清楚，居民住房问题不仅是个市场问题，也是个民生问题、社会政治问题。调控房市，首先必须基本保障每个公民有最起码的居住权，需要对一部分收入水平较低的家庭，以非市场化的廉租房形式予以保障。在此前提下，才谈得上对除廉租房性质之外的一切住房，从宏观经济变量间平衡的角度出发予以市场化调控。

因此，基于中国人均收入水平仍处于较低阶段的特点，基于国民福利水平的提高是个渐进过程的特点，在调控中，只要是确保了宏观经济的基本平衡，即使面对居民改善性住房及其他房价的上升，舆论上的引导，不能给居民购买改善性住房和大学生毕业没几年就可以按揭买房，以更高的期望值。同样，在调控中，面对改善性住房及其他房价的下跌，也不必惊慌失措，应尽量由市场规律发生作用。因为只要宏观经济保持了基本的平衡，短期内房价出现较大幅度的涨跌，并不意味着宏观调控出了问题，需要研究解决的可能是一个不成熟房地产市场中的其他政策制度的问题。只有区分了民生与市场的关系问题，宏观调控才有主动权，才有空间。

关于支柱产业与虚拟资产问题

毫无疑问，房地产市场已是我国重要的支柱产业。尽管如此，我们也应承认，当前的中国，买房既可作为消费，又可作为投资，这也是一个现实。因此，如果政策引导不当，房价上涨预期较快，这时购房的投资、投机因素往往是大于消费因素，虚拟资产的特征会明显突出。而在实际生活中，支柱产业因素与虚拟资产因素又是混合、同时存在的。虚拟资产因素往往又是宏观经济周期过度波动的干扰因素。因此，基于宏观调控的长期政策思考，第一，应想尽办法消除房市中虚拟资产因素对宏观经济周期波动的负面影响；第二，即使作为支柱产业也不是鼓励其做得越大越好，似乎一说支柱产业就不应该在一定时期采取压缩、限制其过快发展的政策。因此对一个支柱产业同样应在宏观经济总量保持平衡的前提下，考虑其在增长与物价诸平衡间的取舍问题。特别是在当今流动性过多、存在资产价格上升压力的情况下，且房市本身诸多制度还不完善、调控房市的政策尚处摸索阶段时，更要关注其虚拟资产因素对宏观经济的负面影响。

在这方面，中国要吸取世界各国发展房地产市场中的经验与教训。凡是将房市作为消费市场的，一国经济周期波动就比较小，如德国、法国等。凡是将房市作为投资市场的，一国经济周期波动就比较大，如美国、日本、西班牙等。基于此现实，"十七大"文件提出要提高老百姓的财产收入，应鼓励老百姓从投资实体经济中获得更多的财产收入（资本回报），而不是鼓励老百姓从投资虚拟资产市场去获得不稳定的财产收入（靠资产价格上涨）。

关于跨期消费与信用膨胀的问题

美国金融危机后，越来越多的人看清了，中国经济不可持续的问题之一，是结构问题。集中反映诸多结构问题的突出表现是"高储蓄、低消费"的结构问题。因此，扩大消费是当今宏观经济政策调整中的核心内容。由此出发，鼓励居民利用金融功能进行跨期消费是题中之义。但是，跨期消费应该不应该有个"度"？"度"在哪里？这同样又必须从居民可支配收入的增长与宏观经济稳定发展的平衡角度进行思考。相对于房价的持续、快速上涨，如果居民可支配收入增长较慢，此时宏观经济周期波动较大而出现利率水平的频繁调整，原按揭利率水平较低的贷款或首付比例较低的贷款，有可能出现贷款偿付风险，或者出现信用膨胀的宏观风险。因此，从宏观经济平衡增长出发，必须对跨期消费要有一个"度"的控制。既要允许跨期消费，又要防止信用过度膨胀。在这个方面，美国金融危机已提供了一个典型的反面教训。

基于以上四点宏观思考，面对中国当前房市调控中的一系列政策，有些政策在短期内加以纠偏、调整有一定的难度，但从中长期看，必须毫不动摇予以明确坚持的原则是：

第一，对民生与市场问题，要有清晰的区别政策，不能含糊不清。在保民生的廉租房建设上，要把政策用足。从土地、资金供应，到城市交通规划、租金补贴等方面，政府应予以充分的政策倾斜。只有在基本确保民生和社会稳定之后，政府才能有充分的、更大的空间调控房市，才能在调控中减少各种顾虑。当前，在加快廉租房建设的同时，应逐步淡化遭人议论批评的、在民生和市场关系上容易含糊不清的经济适用房政策和其他一些"似民生"又"市场化"的政策。

第二，必须运用税收、金融等手段，减弱房地产市场中的虚拟资产市场因素。这应该是一个长期坚持的方针。为此，（1）应该扩大国有控股企业资本分红的范围与比例，扩大国有控股企业（包括非上市企业）国有股有计划减持套现，在充实财政预算扩大居民消费、鼓励居民私人投资替换国企投资的同时，减少国有大企业资金充裕——投资房市——赚钱——再扩大投资房市，不断出现国企中标"地王"，助推虚拟资产市场膨胀和进一步恶化经济结构的现象。（2）如果要真正鼓励引进外资重点是引管理、引技术，提高引进外资的质量与水平，应尽快调整政策，不鼓励甚至限制外资投资中国房地产行业，减弱其对中国经济周期波动的助推作用。（3）先易后难，通过税收手段，加大对投资房而非自住房的拥房成本（包括物业税）。

第三，只要是涉及金融放大功能的，一定要坚持一定的监管限制政策。对居民改善性住房和第二套住房，要坚持严格的首付按揭制度。对房地产开发企业要坚持严格的自有资本金制度。调控中国当前的房地产市场，不能把焦点仅仅集中在金融政策上。不能将调整购房首付比例像调整利率那样，作为日常短期调控手段进行经常性调整，或者给予微观企业一定的浮动自主权。除廉租房外，对居民购买、流通第二套房的界定统计、按揭首付、按揭利率、出售纳税等涉及投资的一系列行为予以法律意义上的硬约束，不能给予政府主管部门、微观企业经常变动的、市场性的调整。同时，当前认为金融政策是决定房地产冷热的舆论，是不正确的、危险的，要加以正确引导。尽管房地产行业在当前我国国民经济中与其他相关行业一样，是重要的支柱行业，但同样要看到，这个支柱行业与其他相关支柱行业又有不同的虚拟资产意义上的行业因素。在影响经济周期的因素中，此行业发展得快或慢，有着与其他支柱行业相同的影响因素，又有着与其他支柱行业不同的影响因素。因此，越是在宏观经济周期波动较大或者在周期的转折关头，越要警惕过分运用货币政策，防止货币政策助推、夸大房地产市场本身的虚拟资产市场的作用。金融活动的实质是什么？是为社会跨期交易活动提供信用替代品，是在提供替代品的过程中引入信用的不确定性和风险。一定意义上说，房地产市场是一个资产市场。正如在美国极负盛名的美国金融研究会主席富兰克林·艾伦曾说过："当资产价格由金融系统来确定时，可能就会产生泡沫。"因此，我们在运用金融功能支持房地产企业进行跨期生产，和支持居民跨期消费时，都不能仅仅看到其实体经济意义上的投资与消费的作用，而忽视其宏观风险。必须把房地产市场调控政策之一的金融政策，置于经济增长与物价、经济增长与信用供给、国际收支平衡的最基本的长期考量中。

总之，只要解决好房市中的民生问题，并将房市按消费品市场进行一定风险度控制的制度约束，中国的房市自然会出现一个稳定发展的走势，政府的宏观调控也不会因房市过度波动而带来烦恼与被动。

但是，目前政策的调整也许会影响房地产行业，进而影响投资。对此，调整策略可采取：

一、坚持渐变、先易后难、逐步衔接的原则，用两到三年的时间，把调控思路逐渐引导到以消费为导向的发展方向上。

二、保持清醒认识，对于短期内投资下降的问题，不应采取简单的饮鸩止渴政策，更不该迁就从长期看早应解决的制度问题。我们应尽快通过改革来实现宏观经济政策和投资消费政策协调发展，从而达到全社会和谐发展的大目标。

42 家庭教育存在的问题与对策

父母是孩子人生的第一任导师，也是最长久甚至终生的导师。家庭教育在造就人才的启蒙教育和终身教育中具有无可替代的独特作用。小学生正处于人生的关键时期，身体和心理的发育都进入到关键阶段，小学时期孩子所走的每一步对他以后的人生发展都有着至关重要的作用。然而，在现代大多数的小学生家庭教育中存在着许多问题，严重影响着小学生的身心健康，小学生的家庭教育不容忽视。

一、家庭教育存在的问题及原因：

尽管目前社会各界及部分家长意识到家庭教育的重要性，认为良好的家庭教育对孩子的健康成长起着至关重要的作用，但是在家庭教育中存在着种种不容忽视问题。具体表现在：

（一）思想认识不够，家庭教育过分依赖学校

据调查，学生家长真正认识到自己对子女教育负有责任，并能较好地担当起这一责任的家庭只占15%。85%的家庭认为只要让孩子衣食不缺就可以了，而教育的责任在老师、在学校。有的家长和代理监护人甚至说："孩子在学校，家长出钱学校管，自己还操什么心？"这种教育理念与思想认识，大大增加了学校对这部分学生教育管理的难度。更有一部分父母或代理监护人教育理念差，认为"只要吃好喝好就行""儿孙自有儿孙福"，认为只要能挣钱，读书也没什么用，不读书照样可以赚钱，大学生不是还找不到工作吗？这些观念势必影响孩子，产生学习无用的

情绪；在矫正学生不良行为习惯中，由于学校单方施教，往往收效甚微。有的未成年人虽然和父母生活在一起，但家长认为教育孩子是学校和教师的事情，与己无关，家长与教师之间缺乏有效的沟通，不能配合教师对孩子进行教育。孩子出了问题之后，家长们往往只是一味感叹孩子没遇上好教师甚至指责学校误人子弟。

（二）家庭环境不利于孩子成长

由于大多数学生父母外出务工后，这些学生的监护权一般都移交给了祖辈或亲朋。父母不在身边，年迈的祖父辈或其他代理监护人文化水平不高，既没有教育的精力，也缺乏教育的艺术。而有的亲戚和朋友的责任心更差，许多只是口头应承而已，形成这部分学生教育管理的盲区，导致这些学生出现许多问题。如厌学、逃课、外出打电子游戏、上网，有的甚至与社会上的混混儿聚在一起，逐步沾染上赌博、看黄色录像、小偷小摸、打架斗殴等社会恶习。例如发生在 2006 年 3 月 5 日紫金县育新中学两名初二学生为打游戏机入室盗窃杀人事件，就是因为缺少家庭教育引发的。不少家庭的老人有迷信、打牌、饮酒等行为，对孩子也产生了许多不良影响。如果只有父母一方在家，要承担所有家务和田间劳作，也无法顾及孩子的健康成长。更有部分父母外出打工从事非法活动，影响子女健康发展，这部分家长对此心里虽然非常清楚，但他们不但没有对孩子做任何矫正，反而认为这是生财的一条捷径；更有甚者，每当寒暑假来临时，把孩子接到所务工的城市去，让孩子耳濡目染一些非法行为，甚至让孩子直接成为自己的帮手，做着一些违法违纪的事情，这对孩子的健康成长也产生了不良影响。

（三）亲情缺失影响孩子健康心理的形成

根据调查显示，目前农村有 85% 的小学生父母常年在外，孩子缺少亲情的关怀，成长中的心理需求无法满足，造成不少学生孤独、自卑、封闭、虚荣、过于敏感、过分自尊、盲目交友等，甚至让个别学生产生仇视心理。一些常年在外务工、经商的父母，由于经济条件宽裕，出于一种补偿的心理，给孩子拿钱方面十分慷慨，无计划、无节制，由于学生缺乏一定的理财能力和自控能力，他们自恃家长有钱，模仿大人请客过生日，花钱请人做作业，久而久之，生活上追求享受，学习上怕吃苦头、不思进取、自由散漫、懒惰贪玩。这部分学生中多数学习缺乏自觉性、主动性和刻苦钻研精神，在生活、学习中往往缺乏热情和爱心，逆反心理重，进取心、上进心不强。同时有部分单亲、贫困、残障等特殊家庭由于亲情的缺乏，对孩子的负面影响非常大，极大地影响孩子的人格塑造、良好的品德和行为习惯的养成等。

（四）教育内容单一，普遍存在重智轻德现象

由于受应试教育的制约，大部分家长只注重孩子的衣食住行和学习成绩，在他们眼中，往往是分数代表着一切，只关注孩子"成才"而不是"成人"，过度看重学习成绩的好坏、名次的位置，部分家长对孩子的期望值过高，望子成龙、望女成凤现象严重，忽视了对孩子品德修养和心理素质的教育，忽视了健全人格、优良品德和良好行为习惯的培养。家庭教育目标的偏离，使不少家长落入"重身体轻心理，重智育轻德育，重物质满足轻精神需求，重智力因素轻非智力因素"的误区。有的家长甚至用暴力"逼""压"孩子学习，更有一些家长为了让孩子有更多的时间专心读书以取得更好的学习成绩，不仅在家里不让孩子做家务劳动，还往往暗示孩子少参加集体活动，少承担班级集体工作，使孩子变得自私、冷漠、不关心集体。这种"重智轻德"的后果十分严重，一些孩子"两耳不闻窗外事，一心只读教科书"，胸无大志，缺乏理想和人生追求，没有把"学会做人"当作自己的首

要任务，不能严格要求自己加强思想道德的修养，思想品德素质较差。少数孩子在各种消极因素的影响下，精神空虚，行为失范，有的甚至走上了违法犯罪的歧途，农村小学生中盗窃、故意伤害、寻衅滋事、诈骗、抢夺、敲诈勒索等时有发生。

（五）教育方式传统简单，不能适应现今社会的发展

1.期望值过高，家教过于严厉。面对日趋激烈的社会竞争压力，很多父母对子女的期望值非常高，"望子成龙、望女成凤"心切，因此对子女严加管教，甚至剥夺孩子起码的休息、游戏、娱乐的时间，扼杀了孩子全面发展的自由个性。

2.盲目溺爱或疏于管理。据调查了解，大部分家长忙于家务或打工挣钱而无暇顾及孩子，更谈不上与孩子一起玩耍、交流、沟通，疏于对孩子的教育管理。有些家长对市场经济新形势和未来社会竞争的认识偏颇，不辨是非、偏袒孩子的不良行为，对于孩子好斗逞强、贪小便宜、耍小计谋等行为倍加鼓励，助长了不正当思想意识的形成，滋长了这部分学生骄横跋扈的气焰。有的家长过分纵容子女，对于子女不正确的言行不管不问，放任自流，管教不严、一味纵容，认为满足孩子的一切要求就是对孩子的爱，特别是留守孩子代理监护人中的祖父母或外祖父母，在这方面显得更为突出。由此养成了孩子重享受、好攀比的不良心理，有的甚至养成追求品牌、迷恋网吧、不求上进、粗暴蛮横的不良习惯，"骄""娇"二气严重，性格变得任性而脆弱。

3.教育方式简单粗暴，过分严厉。部分家长封建家长作风严重，家长至尊，不顾孩子的自尊，经常要求孩子无条件地服从自己不理解的规则。有的甚至认为"棍棒下面出孝子"，信奉棍棒教育，觉得孩子是打出来的，父母打孩子天经地义，对孩子动辄打骂、训斥、体罚等。有的家长对孩子采取物质刺激，考试取得名次或完成某件事情，均以物质奖励；家长缺乏与孩子的交流，

缺少对孩子正确的思想教育，部分家长认为孩子在父母面前所需要的是服从，根本没有与孩子沟通的意愿。长此以往，孩子变得胆小、退缩、冷漠，或以攻击和敌意对待他人。

二、家庭教育的对策及建议：

教育是一项系统的工程，教育的效果是学校教育、家庭教育、社会教育这三个方面综合作用的结果，三者相互关联且有机地结合在一起，相互影响、相互作用、相互制约，缺一不可，如果步调统一，相互促进，他们的合力就大，教育的效果就会更好。家庭教育是一切教育的基础，家庭在塑造儿童的过程中起到很重要的作用。为此，笔者从社会、学校、家庭三方面提出如下建议：

（一）社会方面

1. 社会各职能部门要协调配合，发挥合力，大力宣传家庭教育的重要性，营造良好家庭教育的社会氛围，利用多渠道多形式如广播、有线电视、宣传专栏、印发家教知识小册子、举办形式各异的家庭互动实践类活动，如亲子活动、家庭运动会、家庭艺术节、孝敬父母好儿童、教子有方好家长报告会等等，使家庭教育实现知识性、趣味性、科学性、教育性的统一。

2. 注重家庭教育组织网络的建设，形成乡镇、街道、学校的三级家教组织网络，建立家教领导小组、社区（村）家长学校、家教指导服务站、"母亲课堂"等家教组织，为深入开展家庭教育工作提供组织保证。

3. 办好家长学校，大力普及科学的家庭教育知识。有关部门要加强对家长学校的领导和管理，抓好示范家长学校建设，通过对这些示范家长学校的重点指导，总结经验，树立典型，以点带面，全面推广，使家长和学校充分认识到家庭教育的重要性和必要性，推动家长学校的兴办和发展，提高家长学校的办学水平和质量。同时要加大对家长学校等家庭教育培训的投入，保障家长学校的培训经费，采取一定的措施，鼓励家长参加家长学校的培训，从而保证家长接受家庭教育知识，引导教育家长树立正确的成才观，关注孩子的全面成长。

4. 加大投入，建立具有一定规模、影响力较大的少年儿童活动场所、德育基地和社会实践基地，加大对家庭教育事业和家庭教育工作的政策支持、经费投入，加强学校图书阅览室等场所建设等，让更多的孩子在课余时间和节假日有可去之处。社会各方面要努力营造健康和谐的成长氛围，提供场地和各方面的条件，组织开展一些健康有益、具有吸引力的道德实践活动，鼓励和引导家长及学生共同参与，帮助孩子搭桥铺路去接触社会、认识社会，让学生参与道德实践，加深道德体验，提高道德修养，促进孩子健康成长，从而实现家庭教育和社会道德实践的有机结合。

5. 加强对网吧、电子游艺等游乐场所及音像制品、出版物的管理，创作生产、推荐一批健康科学的、有利于学生成长进步的图书、音像制品，努力为中小学生提供更多更好的精神食粮，不断优化农村孩子生存、保护和发展的环境。

（二）学校方面

1. 充分认识家庭教育的重要性和必要性，配合社会各职能部门办好家长学校。家长学校是传播科学教子知识的重要载体。家长学校本着教学时间上求活、教学内容上求新、教学效果上求实的宗旨，合理安排教学时间和教学内容，有针对性地搞好教学，并通过丰富多彩的家教活动普及家教知识，诸如家教知识讲座、家教经验交流会、家长园地、家长开放日、悄悄话信箱、各种竞赛和论文研讨活动。家长学校通过上述活动，使家庭、学校形成合力，真正达到普及家教知识，传授科学教子经验，优化家庭教育环境，促进少年儿童健康成长的目的。

2.学校每学期都要召开家长会，向家长宣传学校的中心工作，让家长了解学校要求，有的放矢地指导教育孩子，做到与学校教育保持一致。

3.建立学生家庭教育信息袋，掌握学生家庭和家长的有关信息，如家中人数、每个人的姓名、出生年月、监护人或代理监护人工作单位或地址、性格特征、兴趣爱好、联系方式及学生的有关成长信息等，以便能及时对症下药地向学生家长或家庭人员了解和汇报学生的有关信息。

4.建立家访制度，发挥家访的多向性作用。家访是教师开展工作的一个重要手段，随着现代化通信技术的普及，登门家访似乎已渐渐地被人忽视了，但家访作为一项在特定环境下进行的工作，是有其不可替代作用的。一是能及时向家长反映学生的闪光点，让家长分享孩子成长的快乐；二是能及时针对学生的兴趣爱好，与家长配合帮助学生清除身上的消极因素，扬长避短，促进学生积极向上；三是能及时了解学生的家庭成长环境，针对学生成长中出现的问题，给家长提出建议，像医生治病那样"对症下药""救死扶伤"，将学校和家庭紧密地联系起来，使教师与家长配合，形成做学生思想工作的"合力"；四是能及时结合学生家庭教育的实际，对家长进行家庭教育知识的传播；五是能让教师更全面地了解学生，使教育具有针对性；六是可以增进师生感情，尤其对解决个别生的特殊问题有着独特的作用。

（三）家庭方面

家庭教育具有早期性、连续性、权威性、感染性、及时性等特点，为此家长要注意以下几个方面：

1.充分认识家庭教育的重要意义

教育孩子是每个家长的责任和义务，父母的言行会对孩子的成长产生潜移默化的影响，发生着"润物细无声"的作用。所以，必须重视和加强家庭教育，强化家长的垂范意识和责任感，不断学习家教知识，给家庭教育注入新的内涵与理念。良好的家庭教育是培养高素质人才的必备条件，同时更是优化孩子心灵的催化剂，作为家长只有充分认识家庭教育的重要性，自觉地做好孩子的教育工作，尽好家长的责任与义务，才能促进孩子的全面发展，才能为构建和谐社会培养出合格的人才。

2. 为孩子建立良好的家庭环境

因为环境因素有广泛性、经常性、自然性、偶然性的特点，所以，儿童会受到种种影响。尤其是自然性的特点，它有与教育相平行的影响，也有与教育相矛盾的影响，这时儿童的身心发展有时可能是有利的、积极的，有时可能是不良的、消极的，所以，不能低估环境因素的作用。在不同的家庭中成长的儿童，往往会具有不同的个性心理倾向，俗话说"近朱者赤，近墨者黑。"在一定意义说明上说明了环境对人影响的作用。古代曾有"孟母三迁"，从"其舍近墓"到"迁居市旁"，最后徙居"学官之旁"，终于使孟轲在学官的影响下，成为学者，这说明人们很早就重视环境影响人的作用。温馨和睦、民主宽松的家庭人文环境有利于孩子的健康成长。

3. 树立现代家庭教育思想

家长要改变过去教育子女要出人头地、光宗耀祖的狭隘观念，努力把孩子培养成有理想、有道德、有文化、有纪律、德智体美全面发展的社会主义事业建设者和接班人；要改变子女必须无条件服从家长等传统观念，积极培养孩子的科学民主、自立自强、公平竞争与合作等现代意识；要改变重智轻德体，重知识轻能力的观念，重视良好心理素质的培养和人际关系协调能力的发展，促进孩子的全面发展。

4. 不断提升家庭教育能力

父母的言行举止都将在儿童纯洁无瑕的心灵上铭刻下难以泯灭的痕迹。对儿童思想、性格、品德、作风的形成会产生深远的影响。所以，父母要以身作则，讲文明、讲礼貌，有意识有步骤地教给儿童应对进退、待人接物的礼仪，循循善诱，持之以恒，使儿童耳濡目染，从小就受到真善美的陶冶与感化。在家庭教育中，教育者是家长，被教育者是子女。在这个关系中，家长是家庭生活的组织者，是家庭大厦的支柱，是子女生活的依靠，家长与子女一般地说是朝夕相处、利害与共、命运一致、关系亲近，这种特点的生活环境，家长具有权威性，使孩子非常尊敬家长，父母与子女关系密切和其被子女尊重，这是家庭教育的一个优势。但优势能否发挥出来，家长能否与子女亲密无间，能否严格约束自己，受到子女的尊重，这就看家长的修养如何。若家长的素质、言行不足以让孩子依赖，家长经常说空话，那么孩子就不听你的话，家庭教育的特点、优势就发挥不出来。

家长要不断提高自身素质，一言一行、事事处处为孩子做出表率，使孩子受到良好的品德熏陶。要紧跟时代发展，不断吸纳新思想、树立新观念、研究新方法，做智能型的家长。要建立良好的家庭关系，让孩子从温馨和睦的家庭环境中去感受生活的美好，促进孩子身心健康成长。

5. 转变教育方式方法

要学会与孩子沟通，通过言传身教，把理性的教化、爱的滋润、美的熏陶有机融为一体，倾注到孩子的成长过程，指导孩子在做事中开智明理；要尊重理解自己的孩子，以平等的眼光看待孩子，尊重孩子的爱好兴趣，给孩子一个充分展现自我的空间；要多鼓励，不要总是与其他孩子做横向比较，要多看其自身的发展与进步；要允许孩子犯错误，并给他改正错误的机会。

（四）结语

家庭是社会的细胞，社会的强盛是扎根在家庭这一基础之上的。只有齐抓共管，进一步形成家庭教育工作的合力，才能推进和发展家庭教育，才能真正促进农村学生健康成长，为和谐社会的构建和社会主义新农村建设培养合格的人才。

继承和发扬中华民族传统美德，并容纳新的时代精神，是构建社会主义和谐社会的要求。学校，作为教育的根据地，对学生进行美德教育很有必要。要把中华民族传统美德带入校园，让学生对美德概念和美德教育有深刻的体会，需要学校创造良好的"学美德树新人"的校园氛围。

1. 要求学生来到高中第一堂课是学"做人"。

做人最基本的原则就是要自尊、自信、自爱、自强，要尊重别人，要诚实守信，要有良好的文明习惯。中国是一个具有悠久历史的文明古国，中华民族素来是一个温文尔雅、见义勇为、谦恭礼让的文明礼仪之邦。荀子云："不学礼无以立，人无礼则不生，事无礼则不成，国无礼则不宁。"文明礼仪是我们学习、生活的根基，是我们健康成长的臂膀。我国教育家陶行知先生有一句名言："千教万教教人求真，千学万学学做真人。"说的就是教师首先要教育学生要做一个真诚的人，学做文明之人，学做社会中人，只有这样，我们才能真正做到"爱国守法、明礼诚信、团结友善、勤俭自强"。继承和发扬这种传统是每一个中国人，特别是青少年一代的历史责任。作为一名高中生，要懂得做人的道理，可以通过很多途径。从学校出发，要让学生懂得做人的道理，更要让学生知道如何做人。

（1）让学生在日常生活中树立良好的文明习惯——懂礼貌、尊重人、讲文明。

（2）通过多种形式宣扬美德教育。比如开展德育主题班会，办班报，搞宣传，进行演讲、竞赛等形式。让学生在活动过程中得到启示或得到熏陶。

（3）学生评议活动。让学生按学校规章制度自主评议自己和其他同学的行为，好的行为确定下来，不良的行为指出来，从而达到自我反思和完善。

（4）进行榜样教育。对好人好事、文明标兵等进行奖励，在学生身边树立榜样。这样使他们向好的方面看齐，形成良好的风气。

2. 在课程实践活动中渗透美德教育。

（1）学科实践渗透美德教育。教学是学校工作的中心，但教学又具有教育性。任何学科，无论是文科还是理科都具有很多有教育意义的亮点，这需要教师去发掘。这里讲的"学科实践"是与传统课堂教育相区别的课程实践活动，即在各学科教育中要鼓励学生通过实践获得知识或得到感悟。例如政治课，是进行思想道德教育最直接的学科，也是进行美德教育最直接、最系统的学科，对培养学生正确的世界观、人生观、价值观具有重要的作用。但政治也是学生认为最枯燥、无用的学科，原因之一就是没走出课堂，以说理教育为主，道理条条框框。其实政治课有很多实践操作活动："经济生活"课程可进行社会调查活动，市场跟踪小报告，"政治生活"课程可进行当地政府职能实施项目调查，时事知识竞赛，关注时事热点问题，观看有关电影或法制专题报告等。这些活动激发学生的兴趣，更重要的是在实践中感受到国家经济的兴旺发达和政治制度的不断完善，培养学生的爱国主义情感和对祖国强烈的自豪感和责任感。语文、历史、地理课也可以把学生带出课堂，这些学科本身具有很强的传统美德因素，例如语文对先进人物事迹的分析，可以让学生自主采访或通过多种途径了解比较有代表性的做出重大贡献的先进人物，使学生感染其高尚的思想情操，进行榜样教育。历史教学中可让学生收集表现中国人民反抗侵略不畏强暴和敢于同侵略者血战到底的爱国主义的故事，让他们感受到革命先烈的高尚品质和爱国主义精神。理科也可以在实验操作中渗透历代科学家、发明家的发明创作及求索攻坚的科学态度，培养学生励志勤学、积极认真的学习态度。教师努力挖掘和运用好本学科的传统美德教育因素，把知识性、思想性、实践性有机地结合起来，使学生自然而然地接受教育。

（2）教育专题实践。主要在于学校应该有目的地开展各种实践活动。①组织学生参加各种劳动。通过劳动，可以促使学生抵制"不劳而获"和轻视体力劳动的腐朽思想的侵蚀，树立"劳动光荣"的观念和"勤劳节俭"的生活作风，培养学生团结友爱、互相帮助，关心、爱护集体的精神，教育学生发扬中华民族吃苦耐劳、勇于奋斗和艰苦朴素的光荣传统，从而抵制比吃比穿，爱慕虚荣的行为；培养学生勤劳、勇敢、果断的个性心理品质。②组织学生参加社会公益活动。如组织学生植树造林，维护交通秩序，到公共场所打扫卫生，图书馆阅读禁止高声喧哗，购物、乘车、买票要排队等，从而培养学生的公共道德观念和社会责任感。遵守和维护社会公共秩序意味着对法律、法规、纪律、习惯等的尊重和敬畏，体现了个人与社会的合作态度。③组织学生参加社会政治活动。如为民服务、赈灾、助残、法制宣传等活动，从而培养学生的政治觉悟和爱国爱民情感。此外，还可以组织学生参观革命烈士纪念碑、革命根据地等，使学生从各个方面接受传统美德教育和影响。④寒暑假实践报告活动。每年的假期是学生接触社会最好的锻炼机会，对这一活动，学校可以借助家庭资源进行美德认知教育和实践体验相结合的教育。在家长的监督下，让学生参加各种各样的社会实践活动，锻炼他们的社会生活能力，开阔他们的社会视野和丰富社会阅历。

3. 坚持优良传统教育与时代精神教育相结合。

中华民族在漫长的历史进程中，形成了博大精深的传统美德，形成了中华民族宝贵的精神财富。许多名言警句、美德故事，以及民族气节、革命精神无不体现着我们的民族精华。民族优良传统与时代精神是紧密结合的，对学生的教育更应把传统美德与时代精神结合起来。

（1）进行诚信和守法教育。"人无信则不立"，诚实守信是中华民族传统美德之一，也是市场经济条件下处理人与社会、人与人之间关系的基本准则。《公民道德建设实施纲要》中指出：要"将中华民族传统中的诚信观念与现代市场经济的信用要求结合起来，培养学生以诚待人、严于律己、诚实守信的意识和行为习惯"。建立一个法治的国家是社会文明进步的要求，只有每个人都具备高尚的道德品质和法律意识，法治社会才能最终实现。把法治精神作为现代民族精神教育的重要内容，引导学生了解并自觉履行宪法和法律规定的各项义务，明确自身的权利，学会保护自己的合法权益；做到学法、知法、守法、用法显得至关重要。

（2）进行自强不息教育。《易经》中有"天行健，君子以自强不息"这句话，说的就是一个人要奋发图强、自立自强。现在很多学生特别是高中生在心理、生理上接近或开始成熟，已形成了一定的观念和道德习惯。他们憧憬未来，怀有美好的理想和愿望，但要面临升学和就业的考验，又时常疑虑不安。甚至困惑、迷茫，经不起挫折。因而要对他们进行系统的人生观、世界观、价值观教育，培养他们积极乐观的生活态度，帮助他们树立正确的人生观、世界观和远大理想，鼓励他们做一个积极乐观的人，要有奋发向上的动力和战胜困难的勇气。

（3）进行社会主义荣辱观教育。社会主义荣辱观是传统美德同时代相结合的产物。荣辱观是一个现代公民对国家和社会的一种责任感，每个公民要有一种"国家兴亡，匹夫有责"的责任感。对学生进行社会主义荣辱观教育，可以培养他们协调自己与他人、集体和社会的关系，把自己的理想目标与对国家的责任感结合起来。学校应把社会主义荣辱观作为德育教育的重要内容和突出内容，从思想理论和行为方式上要求学生增强荣辱观意识。

43 医疗问题——中国式"看病难"

　　时下医疗改革红红火火，其主要矛头就是解决"看病难、看病贵"，但是随着改革的进程推进，"看病难"并没有得到有效缓解，"看病贵"也仍在影响人们的生活。

　　"看病难"的成因非常复杂，与生活方式、工作节奏、心理状态、信仰价值观等密切相关。"看病难"主要集中在大医院，中小医院和私人医院相对较少。实际上，几乎每一个到大医院看病的人都感觉不顺畅，即便是 VIP 特需服务患者。究其原因，就医是一个复杂的过程，其中包括了人流、信息、物流交互过程，是服务、体验、技术同时完成的特殊行业，也是一个各种资源配比优化的过程。要想整个过程顺畅，就需要大量的资源集合和优化，更需要资源和需求的有机匹配。

　　医疗行业因为自身的生存发展的需要，出现了现有的运营体系。从某种意义上说，一些行业自身问题也是造成"看病难"的原因。归结起来，主要有六个方面值得业界思考：

一、实证医学的盛行是看病难的重要推手。

　　实证医学是现代医学的基石，其兴起推翻了经验医学，减少了误诊漏诊的概率，是科学进步和医学发展的必然趋势。但在疾病的诊疗中，实证的取得需要各种资源的匹配以及流程的简化优化，任何一个环节出现误差，都会影响患者就医的体验。当前绝大多数医院的资源配置和流程设置都远远跟不上实际患者的需求，因而就出现了看病、住院治疗、做检查等都需要找关系、打招呼，甚至找黄牛买号的无奈现状。

实证医学本身无可置疑，医生当然希望了解患者更多情况，信息越详细越有利于做出正确的判断。但是作为病人，每一个实证都需要他们付出时间、精力和金钱。是不是每一个疾病、每一项诊疗都需要实证的支撑？过度强调实证，忽视人体的自我有机调节和精神意志力的作用，反而会带来不必要的看病人数的增加，最终加剧"看病难"。

此外，实证医学的兴起也使得大小医院的两极化现象更加突出，小医院由于资金、场地、人员以及资源配置等多方面的因素，不可能像大医院那样具有完善的仪器设备和检查手段，也不可能像大医院一样试行新的治疗方法。其结果就是大医院人满为患，小医院门可罗雀。当就诊人群单向聚集到大医院，大医院看病不难，岂不成了咄咄怪事？

二、专业过度细化。

医学专业的细化无疑促进了医学的进步，提升了诊治水平。但是在强调专业细化的同时，却忽略了人体的整体性和医疗机构内部的协同性，由此也带来了很多问题。比如，病人就诊多数因为某一症状或者某一事件，不大可能与医院的分科一一对应。而大医院因为各种原因，内部转诊基本被杜绝，病人不得不穿梭于各个科室之间，一个疾病往往需要几个科室、多个医生、多次检查才能有一个结果。这就导致病人就医的感受极差，偶尔有个别医院多科室联合会诊，但那只属于特殊处理，无法常态化，也不能大范围解决就诊病患的问题。

三、内部流程对患者不友好。

流程是医院内部为了明确各种分工和诊疗所需的步骤而设立的规定程序，流程化本来就是医疗管理的重要手段之一。但问题在于，它在促进医院内部分工清晰、职责清楚的同时，无形之中又在各个部门、各个步骤之间加了很多栅栏，使与之对应的内部之间的相互联系、相互补台、相互协作、相互依存减少。加之医院内部流程多、环节多，任何一项医疗服务可多达几个甚至十几个流程步骤，出现就医衔接不当的概率大大增加，特别是对于不常来医院的人，医疗流程化所带来的烦恼让他们感到无所适从。流程化是一把双刃剑，用得好，便于管理，用不好，增加管理难度和患者看病成本。

从现代的商业到各种服务，医疗服务的人为环节是最多的，我们确实要向宾馆、饭店、商场学习简化服务环节。现在医疗的很多流程看似合理，却是多余的。例如：在某家大医院找特需专家看病，仅仅挂号一项就需要走四个来回。另外一个医疗流程繁杂的例子就是"拿药"：大多数的医院都开设了中、西药房，有的还有草药房，这是满足内部管理需求而做出的分工，同时增加流程，似乎没有任何不妥。但是作为病人，其目的只需要把药拿走，而拿几种处方到两三个窗口去拿药、排队不仅给他们带来了不便，甚至可能造成差错。

如何让流程简明实用？如何改变医疗分工以自我为中心的服务流程设置，建立真正以患者为中心的流程化体系？这确实值得业内人士思考。就医流程不简化，看病会越来越难！

四、过度医疗加剧资源紧缺。

过度医疗的现象不仅存在于一些民营医院，公立大医院的过度医疗也相当普遍，诸如抗生素的滥用、预防用药、重复检查等等。当病人集中且其他配套资源不足时，有些大医院的一项检查要等一周甚至一个月，让"看病难"的问题更为突出。

此外，过度宣教也相当普遍。一些媒体、专家把个案当作普遍现象宣传，促使相当一部分没有医疗需求的人也到医院就诊，明显加剧大医院医疗供给不足的情况。

五、有效供给不足。

有效供给主要是相对于医院医疗供给和病人需求，从整个医疗系统来看，随着老年化的加剧，整体供给不足。加之现有的医疗资源分配不均，病患追逐优质医疗资源进而不断向大医院集聚，其结果是就加剧了大医院人满为患、小医院门可罗雀的现象。

优质医疗资源增加需要很多条件，很难在短时间得到解决。首先，医疗人才成长周期过长，特别是医生，这里面既有内在的客观因素，也有人为的门槛设置过多及不合理等因素。其次，物理空间不足，很多大医院分布在城市的中心地带，由于空间不足，形成了交通堵塞、就医人员拥挤、公共空间狭小、公共服务设施不全等现象。第三，大医院床位紧张。第四，大医院功能检查排队严重。所有这些，都是患者人数和资源不匹配，有效供给不足造成的。

六、资源无节制聚集。

当前，国内的大医院动辄门诊万人以上，住院床位几千张，这既有医院自身发展无序扩张的动因，更有主管部门通过行政力量限制中等医院追赶，扶持推动大医院不断扩张的因素，最终导致优质资源不断向少数医院聚集。大医院不管是编制、人才、科研、设备、教学、职称、技术准入，还是等级、收入和社会尊重，政府都给予了绝对的支持，导致其在整个医疗体系里面成了一个巨大的虹吸器，各种优质资源不断向大医院聚集，也就形成了目前医疗领域等级化明显的现象。现实社会里，医疗的两极化非常严重，基层空心化和大医院资源集聚的现象同时并存。

资源集聚本来是集约化的表现，但是在有限的空间、有限的区域内过度集聚医疗资源，使资源之间匹配失当，就造成了资源的巨大浪费。优质资源聚集的大医院，就医价格也不高，病人当然选择这样的医院！

在我国新农村建设当中有两个问题一直牵动着农民的心，一个是农村教育改革，另一个就是农村医疗改革了。中国的农村医疗制度是和城镇医疗制度相分离的，它按照农村的实际情况进行制定和修正，但也有很多的不足之处，我们先来了解一下农村医疗制度吧。

农村医疗因为其特色所以主体是合作医疗，在2002年开始开展新型农村合作医疗制度，借由这一制度试图解决农民看病难、看病贵的问题。但是这一制度也不是一成不变的，根据实际情况也有所变动。2017年各级财政对新农合的人均补助标准又提高了30元，达到450元，其中：中央财政对新增部分按照西部地区80%、中部地区60%的比例进行补助，对东部地区各省份分别按一定比例补助。农民个人缴费标准也相对提高30元，原则上全国平均达到180元左右。

但想要更好地为农民服务，真正意义上解决农民看病难、看病贵问题，只是这样做还是不够的，一方面是我国仍有大部分的农村处于贫困状态，即使参与合作医疗依然会面临看不起病的问题；另一方面是我国重复参保现象严重，部分人群收益所导致的是另一部分人群的亏损。

针对重复参保的现象，我国2013年起已经开始严厉查处，防止这种损人利己的现象继续发生。而针对贫困地区依然难以支付看病费用的问题，我国政府继续加大力度投入资金用以改善贫困地区的医疗现状，同时帮助他们脱贫致富。

除去农民本身的问题，更重要的还是医院的问题，贫困地区医疗条件差，而还有一部分地区则出现医药皆贵的现象。在处理这些问题的时候，国家也有着自己的办法，一方面增加投入改善贫困地区医疗条件，一方面就是将大医院的病人分散至各镇、村医院，让农民就近就医，防止出现堆积现象。

但上述问题的解决依然是不够的，医疗改革是一个国际难题，一直都被各国所重视，所以在未来我国是可以妥善解决医疗改革问题的。"看病难"是一种现象，某种程度上也折射了行业发展不规范、不成熟、不健康。解决"看病难"，需要对医疗行业内部问题进行剖析、改进，对医疗行业内的制度规范进行调整，更需要对资源配置进行重新规划。解决"看病难"，任重而道远！

44 做人勿忘恩

做人，什么最重要？

外貌身材不重要，

有品有德才重要。

没钱没权不重要，

言而有信才重要！

做人，什么最要紧？

知恩图报最要紧，

人品良心最要紧，

善良本分最要紧，

真心实意最要紧！

一个有良心的人，

一定不会忘记帮他的人，

一定不会抛弃陪他的人，

一定不会欺骗信他的人。

不管发生什么事，

都能记恩，报恩。

人和人之间，

互助，才能共赢，

互帮，才能成功。

困难之时，谁拉你，

风光之后，你帮谁，

别做忘恩负义的小人，

用得上人家，对人嘘寒问暖，

用完了人家，对人爱理不理。

做人，勿忘恩。

信你的人别骗，爱你的人别伤，

帮你的人别忘，陪你的人别弃！

愿意信你的人，不是傻，

而是把你看得重要。

愿意帮你的人，不是闲，

而是不忍心你为难。

所以穷时谁对你好，富时你对谁好，

难时谁帮了你，你就记住谁！

做人，勿忘恩。

人这辈子，

最该感谢的人是：

借钱给你，不要利息的人，

风雨同舟，不离不弃的人，

雪中送炭，不求回报的人，

他们都是一生中的贵人！

真心难得，恩情贵重，

对恩人尊敬，把恩情记住，

有朝一日，

还了恩情，了了心愿，

才能无愧他人，才能活得安心！

做人，勿忘恩。

一饭之恩，是恩，

滴水之恩，是恩，

帮你的，陪你的，

暖你的，疼你的，

这些人都是有恩于你的人，

一定要铭记在心，好好珍惜。

45 人性的考验

01

一升米养个恩人，一斗米养个仇人！

老和尚在地下写了这四道题："2+2=4，4+4=8，8+8=16，9+9=19"徒弟们纷纷说道："师父您算错了一道。"

老和尚抬起头来，慢慢地说道："是的，大家看得很清楚，这道题是算错了。

可是前面我算对了三道题，为什么没有人夸奖我，而只是看到我算错的一道呢！"

做人也是这样，你对他十次好，也许他忘记了，一次不顺心，也许会抹杀所有。

这就是"100—1=0"人性的道理！

老话说得好：一升米养个恩人，一斗米养个仇人！

有些人习惯了得到，便忘记了感恩，不是每个人都懂"良心"两个字！纵然你有千般好，一个不好，就推翻了你所有的付出；哪怕你掏心掏肺，一个不对，就会罪上加罪，说你狼心狗肺。

现实中的有些人：帮他百次不记恩，半次不帮就记恨。

非得让某些人给你上一课，你才知道：竭尽全力地给予，不是赢得一颗真心，就是感受一次寒心！

非得让某些事给你一个打击，你才明白：有情有义的帮助，不是收获一份真情，就是换来一次教训。

做人善良可以，但要碰到通情达理的人，不然你的良苦用心就是浪费。

02

无私换来自私，付出换来伤害。

驴说：离开我你就转不动。

磨说：离开我你就没命。

我喜欢这段话：人傻不是毛病，不虚就行；人精不是问题，不坏就行；善于利用人没问题，别卸磨杀驴就行；人穷人富不是问题，懂得付出就行。

人生就像生意，付出的不一定会有回报，现在的社会太过现实。

做人太过善良，会被人欺；对人太好，会变成理所应当；太过憨厚，会被人当傻瓜；太过义气，会被人利用。

太多故事是农夫和蛇，或是东郭先生和狼。人与人之间，往往不知道谁是农夫，谁是蛇。

无私换来自私，付出换来伤害。出门在外，不论别人给你热脸还是冷脸，都没关系。

做人最重要：嘴上不说，心里明白！

人活着，别算计别人。总想处心积虑把人算，必有后患无穷把心煎；总想占人便宜好处赚，必有情淡缘散人心远。

肯吃亏的人终究吃不了亏，人不还，天也会还；懂大度的人终究不会输，容忍一时，却赢了一世好人缘。

做人，要把良心放心间，要把德行放身边。不管爱情还是友情，如果你丢了真心，忘了感恩，失了诚信，你就什么都不是！

46 纵使生活耍了你，
     也要笑着活下去

昨天看了电影《无名之辈》。从开始一路笑着，到最后哭着结束。

我终于明白，为什么这么多人喜欢看这部片，给予高分好评。

因为这世上的大多数人，都是电影里所讲述的无名之辈，他们孤腔奋勇地闯荡江湖，无奈生活给予一次次窘迫难堪，让原本就不是十分美好的日子，更加过不下去。

每个深夜里，或许都有人在埋头痛哭，嘴里喊着活不下去，想要就此逃离生活，一了百了。

可是这世道原本的模样，本就是生下来容易，好好活下去难。

纵使生活这坨狗屎耍了你，也要骄傲地笑着活下去。

好的喜剧应该是什么样子的？

欢乐严谨的故事、深刻的共鸣、笑中带泪的同时能反映现实社会问题、引人反思。

不是讲着搞笑污段子用夸张的肢体动作强行挠观众的胳肢窝。国产喜剧"闹剧化"太久了，今天终于有一部电影肯用电影的姿态拾起那些被摔在地上的喜剧尊严，它就是《无名之辈》。

在社会底层挣扎着生存

这年头，比衰老更可怕的是，人到中年，一无所获。

这种窒息的平庸，让人无法忍受。

男主马先勇是一个梦想成为警察的中年男人，为此他拼了命地努力，可单是协警的考试，就耗了他四五年的时间。

好不容易熬出头，考上协警，雄心壮志准备干一番大事业。

在宴席上喝多的他，醉酒上路出车祸，害死了同车上的老婆，弄残了后座的妹妹。

从平地到云端，他花了四五年的时间，从云端跌落谷底，不过一个夜晚。可即便如此，马先勇还是执拗地追寻自己最初的梦想。

他实在是太在乎自己的社会地位了，似乎只有成为警察，他才能一雪前耻，光宗耀祖。

所以他一把年纪，不要命地和人打架斗殴，弄得浑身是伤。雇个保姆照顾自己高位截瘫的妹妹，却不知道她一心寻死。交不起女儿的学费，还当众打骂她，本就脆弱的父女关系越发冰冷……

在别人眼里，他成了一个有点不太正常的中年大叔，穷又没本事，还特别喜欢装。

他不知道的是，在他一门心思只顾着对抗生活时，到底失去了什么东西。

他以为等自己翻身成警察后，就能赢回所有人的认可，赢回自己女儿的亲昵。

可事实是，失去的比得到的还要多，甚至是自己的性命。

老舍说："人在社会中的生活，受着社会的制约。他的道路，是由他所处的社会环境，他所属的社会地位，他与社会的各种联系决定的。"

也就是说，一个人的社会价值，不是仅由一层躯壳就能决定下来的。再平庸的一个人，都有他独特的闪光点，看不到，并不代表没有。在你疲乏面对生活接踵而至的灾难时，也请适当放慢步伐，等一等爱你的人。

猝不及防被生活开了玩笑

生活最残忍的地方，就是在你春风得意须尽欢的时候，给予你深入骨髓的绝望。

关键是，你还没有能力反抗。

男主角的妹妹马嘉旗，一个嬉笑怒骂皆成文章的性情女子，在哥哥酒驾事故中，永远地失去了自己身体的掌控权，头部以下的部位，余生通通没有了知觉，就连屎尿屁都不能自控。

这种难堪，比死更让她惊慌绝望。

对她来说，如今就连去死，都是一种奢望。

面对闯进家门的两个"悍匪"，她内心是欢喜的，终于有人，可以杀死没用的自己了。

于是她极尽嘲讽语言，想逼着他们开枪杀了自己，还破口大骂对方是孬种。

她说："你有多想当大哥，我就有多想死；你有多想结婚，我就有多想死。"

印象特别深的，是马嘉旗和其中一位绑匪眼睛的对话："为啥要有桥？""因为路走到头了。"

如果生活已无路可走，是否死亡就是解脱呢？我想，或许不是的。

想起中岛美嘉唱过的一首歌《曾经的我也想过一了百了》，里面唱着："曾经我也想过一了百了，因为心中已空无一物。感到空虚而哭泣，一定是渴望得到充实。"

是的，所有想死的人，都还拥有一颗渴望被填充的空虚的心。

就像中岛美嘉本人，在经历离婚失聪，最后不得不放弃自己最喜爱的歌唱事业的时候，她仍然唱出这样的歌：

"一味考虑着死的事，一定是因为太过认真地活，曾经我也想过一了百了，因为还未与你相遇。

因为有像你这样的人出生，我对世界稍微有了好感，因为有像你这样的人活在这个世上，我对世界稍微有了期待。"

所以绝望的结局，是中岛美嘉微笑着平静地和大家说了再见，是马嘉旗找到了那个愿意陪自己过桥的男人。

选择和残废的自己和解，找到了活下去的理由。

我知道，人活到一定的年纪，总是会遇到让人走不下去的事情。但即便如此，也请你稍微忍一忍。

想死的话明天再死吧，如果明天同样痛苦，就后天再死，如果后天也同样痛苦，大后天再死。

就这样一天一天地活下去，总会变好的。

到最后，你就会庆幸，当时没有去死，真的是太好了。

大城市找不到一个自己的家

现在的城市灯红酒绿，地方越是繁华，迷路的人就越是多。

因为在这偌大的城市里，竟找不到一处可以容下自己的生存之处。

眼镜和李大头，是小地方农村出来的年轻人。

在社会摸爬滚打后，眼镜发现自己还是当初一无所有的乡下孩子，没有一技之长，还容易被他人看不起。

李大头想要娶按摩店小姐真真，可是家徒四壁，没有正经工作的他，觉得配不上漂亮的真真。

兄弟俩在湍急的社会潮流中，被上头的浪花越冲越远，看不到人生的希望。

一如《沉默的大多数》里所写的："没有钱、没有社会地位、没有文化，人很难掌握自己的命运。"

于是他们决定用破格的手法，来扭转自己平庸无奇的人生。

他们雄心壮志当"悍匪"，端着一把枪去抢劫，觉得银行难度太高，所以就打劫了隔壁的手机店。

但可笑的是，他们抢回的是一堆没有用的模型机。

不仅如此，他们这次抢劫，还成了全网的笑话，大家配上恶搞的音乐节奏，尽情 diss 这两个没脑子的劫匪。

心高气傲的眼镜气炸了，他可是要成为顶天立地的"英雄人物"，他说："你们可以杀了我，但怎么可以这样搞我？"

憨傻的李大头蒙了，抢劫还没赚到钱的他，到底靠什么去娶真真？过于执拗的他们，都忘了脚踏实地去感受城市里的其他东西。

李大头直到最后，才认真看清真真想要的到底是什么。

眼镜直到遇见马嘉旗，才明白大城市里不堪窘迫都是常态。

人人的生活中都下着一场看不见的雪，都在渡着别人看不见的劫，没有谁是特别轻松的。

张小娴说："许多事情，看得开是好。看不开，终归也要熬过去。别以为看不开就不会过去。"

只要你熬过去了，余下的，就是云淡风轻。

要知道，人生不如意之事，十之八九。

除了少部分含着金勺子出生的孩子，其他的都是奔波于生存中的平凡人。

在生活的左右蹂躏中，有的人镀金，有的人依旧平庸。

所以被折磨的人哭喊着活不下去，叫嚣着生活没给自己好日子过。

但你认真想一想，如今的情况，真的到了活不下去的地步了吗？还是你忍受不了自己的平庸。

希望大家明白，真正的平庸，并不是无所成就，而是放弃自我，是内在的荒芜。

或许人生真的不好过，坎坎坷坷太多，但也请你咬牙挺一挺，闯过去，阳光就会来临。

最后，送上我在《人间失格》里很喜欢的一段话：

如今的我，谈不上幸福，也谈不上不幸。一切都会过去的。

在所谓"人世间"摸爬滚打至今，我唯一愿意视为真理的，就只有这一句话：一切都会过去的。

是的，一切都会过去，只要你笑着活下去，就一定能活出强大。

《无名之辈》，是一帮市井之民的芸芸众生相，庸庸碌碌的现实生活，把尊严磨得一文不值。还是这部戏的宣传语说得好：人生如戏，笑着活下去。

47 做事缓了，做人就稳了

缓以养"稳"

民间有句谚语说："事急则变，事缓则圆。"碰到事情不要操之过急，而要慢慢地设法应付，不仅可以圆满地解决问题，还可以培养人的气度，使人变得沉稳老练。

曾国藩说："世事多因忙里错，且更从容。"凡事缓一缓，三思而后行，也是一个人涵养的重要体现。

《明史》中记载了这样一则故事：明朝宣宗年间，赵豫做了松江府知府。这里的人们经常为了一些鸡毛蒜皮的小事，动不动就兴师动众对簿公堂，打个官司。赵豫到松江后，实行了一个方法，凡是见到来告状的，如果不是要紧的事，就对告状的人说："明天再来吧。"一次是这样，两次是这样，久而久之，赵豫就有了一个外号，叫作"松江太守明日来"。

很多告状的人，大都是逞一时的气愤，过了一夜，或者气就自己消了，或者经人劝，也就不再起告状之心了。也正是赵豫这种缓一缓的方法，松江一地好打官司的现象逐渐少了，社会也安定了许多。任何事情的发展都有其自身规律，陵节而施反而会适得其反。

这时候缓一缓，找到症结所在，先集中精力打开症结，问题才能迎刃而解。懂得了缓的智慧，懂得什么叫作随机应变，什么叫作恰如其分，什么叫不偏不倚，什么叫谨言慎行，什么叫远离是非。做事缓了，做人就稳了。

退以养"厚"

"至刚易折，上善若水。"正人之为人处世，犹如流水一样，善于便利万物，又水性至柔，不与人纷争不休。

能低者，方能高；能曲者，方能伸；能柔者，方能刚；能退者，方能进。懂得退让是一种厚道，也是一种智慧。

郭子仪历经唐朝的玄、肃、代、德四代皇帝，身居要职，但善始善终，就在于他懂得退让的智慧。与郭子仪同朝的鱼朝恩，是皇帝身边的宦官，此人没有多少才能，但却会溜须拍马，深受皇帝宠幸。鱼朝恩对郭子仪的才干、权势十分妒忌，曾多次在皇帝面前打小报告，诽谤攻击郭子仪，但都没有得逞。眼见无法撼动郭子仪，这个小人居然丧心病狂地暗中指使人盗郭家的祖坟。

当时郭子仪担任天下兵马大元帅，手握重兵，连皇帝都敬他三分，要除掉鱼朝恩，真可谓不费吹灰之力。当郭子仪从前线返回朝廷时，满朝文武也都以为他必将有所行动，岂料郭子仪却对皇帝说："我多年带兵，并不能完全禁止部下的残暴行为，士兵毁坏别人墓坟的事也很是不少，我家祖坟被掘，这是臣不忠不孝、获罪于上天的结果，并不是他人故意破坏。"

"常立人前遭人妒，木秀于林风必摧。"人既要有登峰造极之术，也要有勇于退让之道。退让并不是懦弱，而是留有余地；退让并不是无能，而是大度，得饶人处且饶人。只为一时之气的人，永远学不会退让；真正的强者，最懂得以退为进，以柔取胜。

舍以养"慈"

《左传》中有句话："君以此始，必以此终。"有舍才有得，舍弃虚伪，就会获得真诚；舍弃无聊，就会获得充实；舍弃浮躁，就会获得踏实；舍弃功利，就能回归平淡。舍是一种仁慈的德行，更是一种人生境界。

飞速行驶的列车上，一位老人不小心将刚买的新鞋从窗口掉下去一只，周围的旅客无不为之惋惜，不料老人毅然把剩下的一只也扔了下去。众人大惑不解，老人却从容一笑："鞋无论多么昂贵，剩下一只对我来说都没有什么意义了。把它扔下去，就可能让拾到的人得到一双新鞋，说不定他还能穿呢。"老人在丢了一只鞋后，毅然丢下另一只鞋，这便是懂得了舍的智慧。与其抱残守缺，不如全部舍去，或许会给别人带来幸福，同时也使自己避免贪婪而培养仁慈。

什么都舍不得的人，最终什么都得不到。双手握得太紧，手中什么也没有。只有放开了双手，才能握住整个世界。人活一生，越是想得到的东西，越是舍不得的东西，越容易被忽视，也越容易失去。

做人，一定要懂得舍与得，在舍与得之间，学会放手，学会获取。物忌全得，事忌全美，人忌全盛。生活绝不会亏待舍得付出的人。

静以养"清"

老子说："浊而静之徐清。"一杯本来清澈的水，不停地摇晃，它不会清澈；一杯浑浊的水，不去摇晃它，会自然清澈。心亦如此，如总摇晃不停，就会处于混乱状态。人生是一种态度，不乱于心，不困于情，心静自然天地宽。

有人说："真正的平静，不是避开车马喧嚣，而是在心中修篱种菊。尽管如流往事，每一天都涛声依旧，只要我们消除执念，便可寂静安然。"心静，是一种最好的心境。

黄昏时分，有一个木匠，站在一个高台上，和徒弟拉大锯，锯一根粗大的木料。一不小心，他手腕上的手表的表链甩断了，手表就掉到地上的刨花堆里了。可是地上刨花太多了，怎么也找不到。他的几个徒弟也过来打着灯笼帮他一块儿找，大家伙儿一块儿找来找去，怎么也找不到那小小的一块表。木匠一看，说算了算了，不找了，等明天天亮再找吧，说完就收拾收拾，准备吃饭睡觉了。

过了一会儿，他的小儿子跑了过来："爸爸，你看，我找到手表了！"木匠很奇怪："我们这么多大人，打着灯笼都找不到一块小小的手表，你是怎么找到的呢？"孩子说："你们都走了，我一个人在院子里玩。这院子里静下来了。我忽然听到嘀嗒嘀嗒的声音，顺着声音找过去，就找到手表了。"

"水静极则形象明，心境极则智慧生"，水面静，才能映出美丽的月亮。心静，才能接收到最大的能量。心静了，才能听见自己的心声；心清了，才能照见万物的实性。心静则清，心定则恒。

48　人生感悟，
　　　悟到才是人生

只有真正悟透自己，才能把握住自己，生活才会有滋有味。

悟示弱

一个人太强势，不管出发点是不是好的，定会受到伤害，这种伤害几乎无法挽回，所以很多人遍体鳞伤，因为不懂得示弱。示弱其实很简单，在关键时听从别人的意见，关注感受，情商管理得体，让人合作有安全感。示弱不是妥协，是更快达到目标，是伟大的。学会示弱，做熟透的稻谷！

悟放弃

人生就是一个不断选择、不断放弃的过程。有所放弃，才能让有限的生命释放出最大的能量。没有果敢的放弃，就不会有顽强的坚持。放弃是一种灵性的觉醒，一种慧根的显现，一如放鸟返林、放鱼入水。当一切尘埃落定，往日的喧嚣归于平静，我们才会真正懂得：放弃也是一种选择，失去也是一种收获。

悟心境

人活的就是心境。人生的许多变数，取决于天、地、人三者的运转变化，天时地利人和三者俱佳，则凡事自顺。人的一生，小事无数，你能计较多少？人生的大事也只能尽人事听天命，常人岂能奈何？为小事而常介怀，不值；为大事而常悲戚，不该。所以，对于小事要开心，对于大事要宽心。

悟独处

学会和自己独处，心灵才能得到净化。独处，也是灵魂生长的必要空间，只有静下心来，才能回归自我。心灵有家，生命才有路。只有学会和自己独处，心灵才会洁净，心智才会成熟，心胸才会宽广。独处，是一种静美，也是一种修炼。能够在独处时安然自得，才会在喧嚣时淡然自若。

一忧一喜皆心火，一荣一枯皆眼尘，静心看透炎凉事，千古不做梦里人。聪明之人，一味向前看；智慧之人，事事向后看。聪明之人，是战胜别人的人；智慧之人，是战胜自己的人。修心当以净心为要，修道当以无我为基。过去事，过去心，不可记得；现在事，现在心，随缘即可；未来事，未来心，休必劳心。

对你不好的人，你不要太介意，没有人有义务要对你好。你学到的知识，就是你拥有的武器，可以白手起家，但不可以手无寸铁；你怎么待人，并不代表别人怎么待你，如果看不透这一点，只会徒增烦恼。亲人只有一次的缘分，好好珍惜，下辈子，无论爱与不爱，都不会再见。

世上没有一件工作不辛苦，没有一处人事不复杂。即使你再排斥现在的不愉快，光阴也不会过得慢点。所以，长点心吧！不要随意发脾气，谁都不欠你的。要学会低调，取舍间必有得失，不用太计较。要学着踏实而务实，越简单越快乐。当一个人有了足够的内涵和物质做后盾，人生就会变得底气十足。

一切因缘而起，因念而生。执着于某一事或某一物，就会患得患失，烦恼也接踵而至；如能看开一切，心无挂碍，就会无所畏惧。人生往往是怕什么来什么，当你看淡得失、无谓成败的时候，反倒顺风顺水、遇难呈祥。人生最宝贵的就是有一颗平常心，远离混浊平静如水，不为世间五色所惑。

人生在世，总有一些事情，我们只能欣赏，远远地，终也无法走近，最后，选择走开。总有一些感情，我们只能体会，默默地，终也无法接受，最后，选择离开。轮回的路上，选择与命运相连，放弃与生活相关。人生，就是于选择中，走向新的生活，于放弃间，得到解脱自在，然后，继续前行。许多人常喜欢研究"说话之道"，以便在为人处世中游刃有余。其实，最好的说话之道，不是学习怎么说话，而是怎么做人。人做得比较善良、诚恳，就算语言拙劣一点，大家也会喜欢你；如果心肠不好，就算嘴巴再会说，别人被蒙骗了一时，也不会被蒙骗一世。所以，言为心声，学说话不要舍本逐末。

49　没钱的时候社会是残酷的

有时想想钱重不重要并不在于你，而在于你什么时候需要用到。需要拿钱救命的时候你没有，那这些钱就比你命还重要。有钱，意味着能够拥有更多的选择权，你可以选择什么，而不是只能做什么。

现实的社会，不看良心，不看人品，看的是你的背景！凉薄的世道，不看诚意，不看真心，看的是你的出身！人没钱不如鬼，汤无盐不如水。

多少人，口中只有利益，心中没有情义，交往只为索取，从来不讲道理，有钱就靠近你，没钱就瞧不起你！

缺一次钱！你便知道啥叫人情冷暖，你便明白啥是世态炎凉。忍下了伤，你看透了谁的伪装？抹掉了泪，你摘下了谁的面具？缺一次钱，你就懂了。真的假的，好的坏的，谁是为你殚精竭虑的，谁是站在一旁看戏的！

真朋友，也许不声不响，却会把你支援；假朋友，多半好话说尽，然后渐行渐远。与其流着泪把谁恳求，不如忍着伤迈向前方！与其卑微着把谁讨好，不如转过身咬牙顶上！

啥叫人生？你成功了，你的故事就是传奇；你失败了，你的过往就是谈资。

当你缺钱的时候，那些断了的联系，就算了吧，没啥可留恋的！那些陌生的关系，就远了吧，没啥可回忆的！

那些突然的改变，就接受吧，没啥可遗憾的！

缺钱不算啥，怕的是缺少骨气。人穷没有啥，怕的是失去尊严。

只要还能干，总有出头之日！只要心仍善，总有过命之交！

瞧不上的朋友，不巴结，看不起的亲戚，不靠近。

不管贫穷，还是富有，帮过你的人，切记不能忘，不管有泪，还是有伤，借钱给你的，再难也归还。

钱，努力赚，为了我们爱的人，活得更好；事，加油干，为了爱我们的人，衣食无忧！

作家王尔德曾经说：

在我年轻的时候，

曾以为金钱是世界上最重要的东西。

现在我老了，

才知道的确如此。

年轻的时候，

觉得钱重要，

可能仅仅是因为想要的东西都很贵。

等到年纪渐长了，

觉得钱重要，

是懂得了这三点：

钱比人心可靠，

钱能给自己更多选择，

以及钱能抵御生活中大部分的难过，

没事的话还是多挣点钱吧，

这样家人看到想要的东西不会再说"不喜欢"，

自己对看不上的东西也可以说"不想要"。

希望大家有一天能说"有钱真好"，而不是"有钱，就好了"。

50 你的行动力达标吗

有种距离，就是你刚写完提纲，别人已经交稿了。一句看似调侃的话，说的就是一个人的行动力。

有名人说过，一个人之所以变得平庸，不是因为他做了什么，而是因为他什么都没有做。

前不久，一段关于河北石家庄的艺考生苏灵琪的视频火了。

她曾重 170 多斤，为了报考自己热爱的播音主持专业，经过努力，在艺考前 20 天，成功减到 110 斤。

为了更快地减肥，她只吃水煮菜和高蛋白的食物，把一切喜欢吃的油炸食品全部戒了，而且每天都坚持锻炼。

我们人人都不想被嘲笑，人人都明白努力了就不后悔，但却不是人人都有行动力。

卢苏伟在《你要配得上自己所受的苦》中说过这样一段话：“一个人的执行力和行动力，决定一个人的成就，要成功就要忍受眼前付出的辛苦和各种与目标无关的诱惑。”

的确如此，像苏灵琪一样不满足于现状的人有很多，而她只是因为有了行动力，将想法付诸于实践。她就已经开始拥有了不一样的人生，至少她的成就会比什么都不做的人要大得多。

很多时候，我们只是看见了别人的成果，却很少去思考，别人为什么会有这样的成就？

除了专业技能、想法、格局……最重要的，其实就是一个人的行动力。那些所谓的牛人，只不过是普通人把自己的想法付诸了行动而已。你的行动力直接决定了你的人生高度。

《我的世界很小，但刚刚好》中有这样一句话："一切没有行动力的计划都是耍流氓。"

也有人说，这世界从来缺少的不是完美的计划，而是说干就干的行动力，这点我很有感触。

因为我身边就有计划做得非常完美但从来不行动的人。

小军就是其中一位，他在朋友圈中极其有影响力，因为他善于思考，思维缜密。

前不久大家商议着一起去泡温泉，由他来组织安排。

他很热心，几乎每天都更新计划，细到出发大家要带什么衣服、带小孩子的家庭要准备什么东西，但就是迟迟不定出发的准确时间。

每次大家一催促他，他就说，计划还没有完全做好，再等等。

这一等就是好几个月，有几个急性子忍不了了，一通电话下来，大家开车就出发了，而据说他的方案现在还在修改中。

后来读一本心理学方面的书，才明白原来小军这样的人属于思考型性格的人。

这类人最大的特点就是喜欢"谋定而后动"。

这五个字其实是褒义的，但如果一个人始终都在谋而不动，谋其实就是一个人不愿意行动的托词了。

一味地谋而不去做，就永远不知道后续的事情如何发展，等所谓的谋划完美了，或许已经不适用于当下的环境了，而其实一个小的外界条件就可以对后续产生无法估计的影响。

所以再怎么谋，做出完美的计划，我们也不可能看清楚整个事件的发展过程。

唯有快速行动，才能推动事情的发展，最终抵达自己想要的目的地。就像卢思浩在《愿有人陪你颠沛流离》中说的那样，没有行动力的计划还不如没有计划，没有行动力的想法等于没想法。

毕竟计划只是执行的前提，行动才是执行的真谛，如果计划不能通过行动去实践与总结，任何完美的计划都只能是一个永不能实现的童话。

所以说，决定你人生高度的不是制订多么完美的人生规划，而是即刻行动。

当然了，不是说只要你开始行动就一定会得到自己想要的结果，行动力不是万能的。

当我们把想法付诸行动之初，大部分人都是充满信心的，但在受到各方面的阻力后，还是有一些人会放弃行动。

近期我在商学院的课程走到了践行阶段，所有人离开了课室，重新回到自己生活和工作的圈子里践行拟定的行动计划。

起初大家都信誓旦旦地表示一定会坚持行动 100 天。

而开始没几天，就有人准备放弃了，理由就是事情多，家人反对，总之就是无法继续坚持下去。

阿雪就是第一个放弃的人。

昨天我和同学一起去劝她，她讲了很多的理由，让我们觉得的确是无法坚持下去了。但在我看来，她所谓的那些理由，顶多算是借口而已。

在真正强大的行动力面前，所有外界的干扰都是无法阻碍一个人持续行动的，这点我最佩服的人是《根》的作者哈里。

他曾是美国海岸警卫队的一名厨师，业余时间帮同事们写情书，当他发现自己爱上写作后，就下定决心两到三年内写一本小说。

于是，每天晚上当别人出去娱乐时，他就在房间里写作，后来退役后，他依然坚持写。

因为没有多少稿费，他的欠款越来越多，甚至没有买面包的钱，但他依然坚持写。

其间有朋友实在看不下去了，就给他介绍了一份到政府部门工作的差事，他拒绝了，理由是他要成为作家，所以要不停地写。

12年后，他写完了那本书，就是他的成名之作《根》。据说他的手指都变形了，视力也下降了很多。

值得庆幸的是，他的那本书火了，引起了很大的轰动，仅在美国就发行了160万册精装本和370万册平装本，他的收入一下子超过了500万美元。他曾说过："取得成功的唯一途径就是立刻行动，努力工作，并且对自己的目标深信不疑。"

但在我看来，他成功的原因除了立刻行动外，更重要的是他能在行动的过程中排除万难，坚持下去，因为这比立刻行动要难很多。

也唯有排除万难坚持行动，才能真正实现目标。

不过，当有人意识到自己没有行动力时，很容易对自己说，现在晚了，来不及了，只能算了。

于是他们总是不肯开始，就让很多原本能够实现的梦想和目标在自我叹息中烟消云散。

其实，无论过去如何，当下你只要立刻开始行动，就不为晚，因为迟开的小花也能结果，而且有可能结出更加珍贵的果实。

著名画家齐白石画虾可以说是画坛一绝，灵动活泼，栩栩如生，来自生活，却超越生活，大胆概括简化，被人称为传神妙笔。

而他其实是在62岁的时候，才意识到自己对虾的领会还不够深入。于是，他就在花案上放了一个水碗，常年养着几只虾，反复观察虾的形状、动态，不断地练习，才有了我们今天看到的一幅幅画。

所以，有想法，就去做，而不是想着到底可不可以，拥有行动力，比你空想更重要。

只要你想开始，任何时候都不晚。

那么，如何才能提高自己的行动力呢？

前面我们说过，一个人行动力差，很大一部分原因就是这个人爱思考。那么，面对一件事情，首先就结合爱思考的特点算概率，当一件事情有七八成能够成功的概率，就可以立即行动了。

因为很多人都认为，确保有百分百成功的可能性才可以行动，这显然不现实，因为没有人能有这个把握。

人要敢想敢做，有想法就去行动，一旦冲动的想法淡了，行动力也就弱了。

其次是要坚定一个想法：办法比问题多。

善于思考的人，会在行动之初就设想出很多可能出现的困难，这是导致他们迟迟不行动的重要原因，但我们都应该清楚，办法一定比问题多。就像哈里，在坚持写作的过程中，甚至连温饱都成问题了，依然坚持写，事实也是他写了12年都没有饿死，用事实证明了办法总比问题多。最后一点是行动开始就要多付出。

这里的付出包括但不限于时间、金钱等，因为爱思考的人经常会认为，付出了那么多，不收获点东西太吃苦了。

所以一般前期付出多一些，就会更容易坚持一些。

当然了，做到这三点虽然能够提升一些人的执行力，但毕竟每个人的人生是自己负责的。

提高自己的行动力，不要过于寄希望于外部，外部的力量终究是外力，内部催生出来的力量才能源源不断。

不管怎么样，只要有想法，先试着踏出一步总是没错的。

我们一生的成就其实都来自行动，行动的速度就是成功的速度。

而你拖延的时间就是你悲惨的时间，那些我们所认为的遥不可及的东西，其实离我们无比之近。

51 你什么脾气，就什么命

　　你的情绪代表着你的修为，控制不了自己的情绪，其实就是在惩罚自己的内心和身体。脾气说来就来，不是性子直的表现，而是你修炼不到位的表现，容易发脾气，长此以往对自己和身边的人都是有伤害的，生气伤肝，而你在发脾气时候的口不择言，也很容易伤害到身边的人，伤害到自己。

　　最近有一个说法很流行：情绪病，会变成一种新的癌症。换作是以前，我肯定不会相信，直到阿兰出事的那天。

　　阿兰是个二线小城市的妈妈，婚后第五年毫无征兆地患上了癌症。一次去看心理治疗师，治疗师问她这辈子最大的心愿是什么？

　　她只回答了一句："我希望有一个属于自己的家，只跟老公儿女在一起，不用很大，也不用住很久，给我几个月就好……"

　　原来生病前，婆婆一会儿嫌弃她太宠小孩儿，一会儿说她做家务偷懒。她曾提过几次要自己带孩子，却没有结果，告诉自己"忍一忍就过去了"，一忍就是五年。多年累积在心头的难受和压抑，可能会遗忘，但身体永远会记得。阿兰就是这样，直到癌症晚期才发现，自己的心病了。

　　曾经就有调查显示：夫妻之间如果经常吵架、冷战，死亡率会比普通人高出一倍。

　　如果你和孩子之间经常闹矛盾，死亡悲剧发生的可能性也会高很多……因为你所有的焦虑、压抑、愤怒、悲伤情绪，都会弱化你的免疫系统，变成失眠、头痛、胃病、痛风来伤害你，让你无处可逃。

有人会说，我偶尔发个小脾气，有什么关系？但事实是，意识不到的情绪才是生活中的隐形杀手。

你有没有遇到以下这些情况？

别人没有立刻回复你的微信，你就担心自己说错话了。人多时不敢说出自己的观点，会议上永远坐在角落里。虽然很爱孩子，却经常说：我辛苦把你养大，你怎么不听话？你看别人家XXX怎么怎么样……如果你是这样，那么千万小心了。

太过在意别人的眼光会导致不良情绪向内攻击，而对孩子的责备则会让他们变得胆怯和焦虑，永远也无法获得内心满足。这些看不见的情绪一直在暗处积累着，就像病灶一样。长此以往，它会支配着你的行为习惯，甚至影响你的性格和气质。

52 人品，是最硬的实力

一个人真正的资本，不是美貌，也不是金钱，而是人品。人品是生活的通行证，在冷峻又善变的时代，人品是彼此心灵最后的依赖。

"子欲为事，先为人圣"，喜欢一个人，始于共鸣，陷于才华，忠于人品，可见人品对一个人的重要性。

好人品是一个人最宝贵的财富，它构成了人的地位和身份，它是一个人真正的最高学历，是每一个人的黄金招牌。

人品，是最好的学历。

白岩松曾说："人格才是最高的学位。"德与才的统一是真正的智慧。

一个单位无论管理制度多么严谨，一旦任用了品德有瑕疵的人，就像在组织中安放了深水炸弹，随时可能引爆。

试想，在一个企业里，有人天天动脑筋挖公司的墙角，这个人能要吗？试想，一个非常有能力的人的人品出了问题，不是能力越大而反作用越大吗？

罗斯福说过："有学问而无品德，如一恶汉；有道德而无学问，如一鄙夫。"古人云："德者才之王，才者德之奴。"可见，人品何等重要！

人生可以没有学位，但不可以没有学问，更不可以没有人品。

人品，是最硬的实力

一个年轻人去面试，突然一个衣着朴素的老者冲上来说："我可找到你了，太感谢你了！上次在公园，就是你，就是你把我失足落水的女儿从湖里救上来的！"

"先生，你肯定认错了！不是我救了你的女儿！"年轻人诚恳地说道。"是你，就是你，不会错的！"老人又一次说。

年轻人只能做些无谓的解释："真的不是我！你说的那个公园我至今还没有去过呢！"听了这句话，老人松开了手，失望地说："难道我认错了？"

后来，年轻人接到了任职通知书。有一天，他又遇到了那个老人，关切地与他打招呼，并询问道："你女儿的救命恩人找到了吗？""没有，我一直没有找到他！"老人默默地走开了。

年轻人心里很沉重，对同事说起了这件事。不料同事哈哈大笑："他可怜吗？他是我们公司的总裁，他女儿落水的故事讲了好多遍了，事实上他根本就没有女儿！"

"什么？"年轻人大惑不解，同事接着说："我们总裁就是通过这件事来选拔人才的，他说过人品过关的人才是可塑之才！"

世间技巧无穷，唯有德者可以其力，世间变幻莫测，唯有人品可立一生！当人品和学识相辅相成时，才会让一个人走得更远。

人品，是最宝贵的财富

《左传》记载；"太上有立德，其次有立功，再次有立言，传之久远，此之谓不朽。"此处所说的"立德"，便是指会做人，拥有好人品。

好人品是人生的桂冠和荣耀，它是一个人最宝贵的财富，它构成了人的地位和身份，它是一个人信誉方面的全部财产。

做事先做人，这是自古不变的道理。如何做人，不仅体现了一个人的智慧，也体现了一个人的修养。

　　一个人不管多聪明，多能干，背景条件有多好，如果不懂得做人，人品很差，那么他的事业及其人际关系将会大受影响，只有先做人才能做大事。孔子说过，"德才兼备，以德为首"，"德若水之源，才若水之波"。

　　林肯也说过，品格如同树木，名声如同树荫。我们常常考虑的是树荫，却不知树木才是根本。

　　人品好的人，自带光芒，无论走到哪里，总会熠熠生辉。

53　太多的选择等于没有选择

太多的选择，等于没有选择。选择的可能性越多，越容易对自己的选择持怀疑态度。当你面前只有一条道路时，你会坚定不移地走下去；当你面前有多条道路时，你就会无所适从，甚至做出错误的选择。机会越多，越容易迷惑自己，越容易让真正的机会在你犹豫不决的时候悄悄溜走。

人生充满变数。但不代表人生就是投机。抉择决定成败，努力也决定成败。

选择错误，会导向失败；但如果放弃努力，则连选择的机会也没有。你之前的努力，你之前的付出，让你在关键时刻有资格去做关键选择。

一位好学生，可以选择不同的大学，选择不同的命运。

一位差生呢？他就算知道北大清华是最好的选择，也没资格去选。当然，差生不代表失败，他可以做另外一个选择，辍学创业。辍学是个关键选择，但成功与否要看他接下来如何努力创业。

这么说吧，所谓"选择"，只是努力所赋予人的一种资格。努力不保证你一定选对，但你越努力，选择就越多。

项羽在鸿门宴选择放过刘邦，以致乌江自刎。可如果没有楚霸王破釜沉舟打出来的声望和实力，刘邦根本不会跑去鸿门诚惶诚恐地跟他吃饭，更谈不上放过不放过了。

大清到了末年，倒是想在"这三千年未有之变局"里做出关键选择，可它国力贫弱，没得选，对外政策强硬了要挨打，软弱也要挨打，为什么？你知道大清有多不努力吗？

弱国无外交，懒人无选择，都是同样的道理。

不知港口在哪，什么方向的风都是逆风；如果连帆都懒得竖起来，就算知道该去哪个港口，也只能在海中打转。

牛顿的苹果，爱迪生的灯丝，诺贝尔的炸药，巴斯德的细菌，还有比尔盖茨、乔布斯、扎克伯格等人的辍学，他们的故事之后，都蕴藏着艰苦的努力。他们的成败，恰恰都与之前或之后的努力有关，关键时刻的选择，只决定了成就大小而已。

所以人生和努力有关，也与抉择有关，两者并不对立，而是缺一不可。

如果一定要分一个先后的话，我认为努力要重于选择。

为了能解决"选择太多"，我们只需要砍掉多余的选择，从最基本的选择中，根据自己的实际需要出发就好了。

54　做人就要像狼一样

　　真正成功的人，往往具备狼一样的性格。狼都懂得卧薪尝胆，它们不会为了所谓的尊严，在自己弱小的时候，去攻击比自己强悍的对手。

　　做人也是如此，狼都知道自己只是狼，并不是老虎。人跟狼一样，想要成功，只是人想做霸主，而狼想当兽王。所以，人活着，若像狼就要练好牙，若是羊就要被人宰割。

　　越王勾践的故事大家都很熟悉，用四个字形容，那就是"卧薪尝胆"。这就是现实：谁没能耐，谁就会被人欺负，受尽凄凉！谁要有本事，就会走向成功，还能赢得众人的帮助和称赞！

　　做人，要像狼一样，表里如一，不会丢下弱小的同伴。事实是，人的心，却难以捉摸，还会出卖了良心和尊严。

　　有的人，为了利益，出卖朋友和亲人，甚至是家人。还有的人，为了钱财，泯灭了人性。所以，做人要学狼的精神，要懂得共同进退，还要有做人的本性。

　　现实虽然是残酷的，但做一个有善心的人，才会永远受到他人的尊重。若一个人，没有了良心，就会没有了尊严，也贬低了自己；若一个人，没有了良心，就会没有了朋友，孤独终老一生。可见，人一旦奸诈了，那就没什么大的出息了，亲朋好友都会离他而去。做人，要有狼的性格，坚韧不拔，一次次失败，是为了成功。

　　俗话说：狼行千里吃肉。的确如此。它们总会坚持不懈，等待着时机，和狼群一起围而攻之。我们做人也是如此，要懂得合作，还要信任他人。

不管合作伙伴之间，遇到了什么苦难，都要勇敢地去面对。

成功的奥妙之处，就是在于与人相处，携手同行。做人的最高境界就是资源共享，而成功的最高境界就是有利分享。

一个真正成功的人，他们总是会与人为善，懂得人脉资源的重要性。而拥有这样良好人脉资源的人，必然会走向成功之路！

55 成功不是偶然，
   是不断地积累

不平凡的少年

12岁时，马云对学习英语产生了兴趣。每天早上，不管刮风下雨，都要骑车40分钟，到杭州西湖旁的一个小旅馆去学英语，这一学就是8年。那时，中国已经逐渐对外开放，许多外国游人到杭州旅游观光。他经常为他们充当免费导游，带他们四处浏览的同时练习英语。外国游客带给他的知识和从老师、书本那里学到的很不一样，他开始比大多数人更具全球化的视野。

改变发生在1979年，马云遇到了一个来自澳大利亚的家庭，他们家有两个小孩，他们在一起玩了三天，后来变成了笔友。1985年，他们邀请马云暑假到澳大利亚玩，于是马云7月份去了那里，住了31天。马云出国之前，以为中国是世界上最富裕、最幸福的国家。当到了澳大利亚，才发现以前的想法并不正确。

屡遭挫折

高考考了三次，才被当时杭州最差的大学杭州师范大学录取。在大学里，有幸当上了学生会主席，后来还成为杭州大学生联合会主席。但那时，他的未来职业基本上被圈定在了中学英语老师。毕业时，他成为500多名毕业生中唯一一位在大学教书的教师，工资是每月人民币100至120元，相当于12至15美元。

在5年的教书生涯中，他一直梦想着到公司工作，比如饭店或者其他什么地方，就是想做点儿什么。1992年，商业环境开始改善，他应聘了许多工作，但都被拒绝了。接着在 1995 年，作为一个贸易代表团的翻译前往西雅图。一个朋友在那儿首次向马云展示了互联网。在雅虎上搜索啤酒这个单词，但却没有搜索到任何关于中国的资料，他最终决定创建一个网站，并注册了中国黄页这个名称。

马云借了 2000 美元，创建了这个公司，当时他对个人电脑和电子邮件一窍不通，甚至没接触过键盘。中国黄页与中国电信竞争了大约一年，当时中国电信的总经理表示愿意出资 18.5 万美元，和马云组建合资公司。遗憾的是，中国电信在公司董事会中占据了五个席位，而马云的公司只有两个席位，马云建议的每件事都被拒绝，这就像蚂蚁和大象搏弈一样，根本没有任何机会。年轻的马云决定辞职单干，那时，他得到了来自北京的一个offer，负责运营一个旨在推动电子商务的公司。

创业梦想

他的梦想是建立自己的电子商务公司。1999 年，他召集了 18 个人，在公寓里开会。马云讲述了他的构想，两个小时后，每个人都开始掏腰包，一共凑了 6 万美元，这就是创建阿里巴巴的第一桶金。

他想建立一家全球性的企业，因此选择了一个全球性的名字。阿里巴巴很容易拼写，而且《一千零一夜》里芝麻开门的故事家喻户晓，很容易被人记住。

当时，阿里巴巴基本上是一个三无企业，无资金、无技术、无计划，但最终存活了下来。每一分钱都用得非常仔细，公司的办公地点就选在了马云的公寓里。他们 1999 年从高盛获得了资金注入，2000 年又从软银获得了投资，公司的规模开始扩张。

能取得如此地位，因为他始终相信一件事：全球视野，本土能赢。他们自己设计业务模式，主要关注如何帮助中小企业赚钱。从美国拷贝经营模式，像许多中国的互联网企业家那样。

马云说阿里巴巴曾犯下一千零一个错误，扩张得太快，在互联网泡沫破裂后，不得不裁员。到 2002 年，他们拥有的现金只够维持 18 个月。阿里巴巴网站的许多用户都在免费使用服务，搞不懂如何获利。于是他们开发了一款产品，为中国的出口商和美国的买家牵线，这个业务模式拯救了阿里巴巴。到 2002 年底，实现了 1 美元净利润，终于跨过了盈亏平衡点。自那以后，公司的经营业绩每年都在提高，现在阿里巴巴的盈利能力已经相当强。

56 为什么我这么命苦，
什么都要靠自己努力

过年时，表哥把我拉到一边，说是想聊聊。

侄子大学刚毕业，上网、看电影、睡觉，游手好闲，只知道伸手要钱。"骂也骂了，劝也劝了，没用。我也不知道他这是怎么了。他一直跟你好，你帮着劝劝他。"我自然是说"好"。

"我咋这么命苦啊，要靠自己努力"。这是侄子的开头句，"我好累，没意思。"

记忆里，侄子一直是一个阳光少年，转变大概要从毕业后的落差说起。

照他的话，在自己拿着3000块钱，干着一份特别累的工作时，不少同学却直接跨入有产阶级。

"班里那些没我优秀的，就因为有个好爸妈，靠关系进国企进事业单位，活少钱多社会地位高。"

"我一个同学哥哥自己开公司的，他一毕业，哥哥就把起家的淘宝店转给他，还把所有的渠道、供货都打点好了，他只用坐着数钱就行。"

"只有我，谁也指望不了，只能靠自己努力。而且，就算我再怎么努力，也到达不了人家的起点，那我还拼什么？"

侄子内心是有些埋怨他爸爸的，没有能力给他安排工作，也不能在婚姻上给他多大助力。

在他的想法里，如果他出身豪门，生活对他来说会容易得多吧。他觉得全世界都对不起他，因为他要靠自己。

但是其他人却觉得，是他对不起父母。

住在父母家，吃在父母家，还要祸害父母家，一蹶不振，把责任推到别人身上，把"靠不了别人"当作软弱和懒惰的借口，这本身就是一种无能。

没有人有义务养你一辈子。连富二代啃老，都要看父母脸色。你整天想着跟别人比，却又想着怎么靠别人，这是异想天开。

真正牛，就自己强大起来，让父母、你以后的孩子靠你啊！

从来没有一个人能什么都不干，总想着依赖别人，还能挺直腰板。

世上哪有真正的不劳而获？既然靠别人，就得拿出点姿态。无论是血缘关系，还是婚姻关系，都负担不起无休止的剥削。

在指责别人之前，先看看自己的地位，否则，一切讨价还价都是免谈。

他养你，你当"保姆"，这是各取所需，等价交换。

如果你真的想"自由"，那就自己养活自己，挣点尊严。

人生如逆水行舟，不进则退。凡是不想靠自己努力赚钱的人，最后的下场多是：用自己换钱。懒惰是温柔乡，是英雄冢，是宅的天堂，是拖延症的温床。

每个人都要为自己的选择买单，怪谁都没用。众生皆苦。众生皆独行。

没有人会被命运额外眷顾。苦在生老病死，苦在爱憎别离，苦在五阴炽盛求不得。但从来不会苦在只能靠自己努力。

给自己一点时间。不必夸大社会的一些艰难，也不必低估自己的能力。归根到底，这个世界是看实力说话的，这个实力包括家庭背景、资源优势，更多是看你的能力和责任心。

俞敏洪 2008 年在北大开学典礼上说过："能爬上金字塔的动物有两种，一种是雄鹰，一种是蜗牛。我是蜗牛。"

当我们真正接纳自我，接纳现实时，才是我们最有动力的时候。

世间辛苦打不垮你，不如意打不败你。

当我们不再一味攀比，眼高手低，而是落实到行动时，才是我们离理想生活最近的时候。

然后，你会发现，这点重量并不难扛。

57 幸福只是被隐藏在心里

其实想要幸福的感觉很简单。

当我们每天不停地工作，做各种各样的事情，神经像发条一样绷得很紧，感觉很累的时候，偶尔闲下来休息的那片刻安宁真的很幸福。

你很想见一个很久都没有见到甚至无法见到的人，但他没有预约地猛然出现在你面前那一刻的感觉就是幸福。

当你在一个陌生的城市举目无亲地奔波，饥饿疲惫而又无助的时候，你猛然遇到了一个帮助你的人，那一刻你会觉得，他简直就是你的亲人。

当你生活里面临着困境而又极度疲惫的时候，猛然有那么一个人出现在你的面前说要帮你，你岂止是一种幸福的感觉。

人类体验到的幸福，总是发生在渴望很久而又陷入某种极度强烈的需求中，在某一刻瞬间得到满足的时候，那种幸福感才来得如此猛烈。

当我们生活在现实的某种状态中，日复一日，是很难体味那种幸福的感觉的。幸福只有通过对比才能被强化和突出来，然后再传输到我们深层的生命感受里。

我们每天的生活很平淡，在琐碎的日子里没有惊天动地的感动，我们只是习惯了某种状态，没有丝毫的波澜，好似不幸福。

当一贯的生活在一瞬间被某种突如其来的意外打破常规的时候，会猛然发现曾经那种平安幸福的感觉已经在远离我们了。

我们的人生看似不幸福，在没有战争没有疾病没有事故没有不幸光临的平常生活里，也的确应该是幸福的。

幸福只是被隐藏在心里，没有悲伤的心灵就是幸福的。

每个人由于经历阅历的不同和对人生的理解不同，对幸福的切实感受也自然不同，这无不打上了生命体验的烙印。

58 要多爱自己一点

传统的想法告诉我们，当我们只考虑到自己时，这就是一种自私的表现。

当你喜欢另外一个人（不管是你的伴侣，家人或朋友），你总是得先考虑他们的感受、需要等等，这是对的，但当你爱一个人时，不代表你不能爱自己，我们希望别人幸福，但我们也得让自己幸福。

照顾别人，我们可以让别人过得更好；学会爱自己，同时也让自己过得很好。

人都要多爱自己一点，把自己放在"第一位"不是自私表现的4个理由：

一、你爱的人，大部分也希望看见你变得更好。

没有理由你对别人好，而对方不希望你过得很好，所以在他们面前，你不需要担心自己将自己摆在第一位，当你对别人好，别人也希望看见你过得很好。

经常锻炼自己的身体，吃健康的食物，定期拜访朋友，学会关爱别人，但也要懂得照顾自己。

二、为了别人把自己的生活搞砸了，这不是一个明智的选择。

当你为了别人让自己过度劳累，把自己搞得焦头烂额，让自己充满压力与疲惫感，这代表你过度付出，但却忘了好好照顾自己。

为了别人把自己的生活搞砸了，这就不是一个明智的选择，你需要的是在自己有限的能力下，去帮助别人，而帮助的同时，不让自己的人生变得糟糕。

三、休息不是一种选择，而是一种必需。

每个人都需要休息，如果你不休息就会搞坏自己的身体，如果你因为常常加班搞坏了身体，因为跑客户搞坏了身体，因为外在种种的理由而搞坏了身体，这代价是高昂的，人都需要休息，当你的健康出状况时，你需要把自己的健康摆在"第一位"，没有健康的人生是黑白的，一点都不多彩缤纷。

四、人都只能在有余力时，帮助别人。

那些很成功的人物，在他们默默无闻时，你可能连听都没听过，但是当他们成功了以后，你发现他们开始回馈社会了。人都只能在自己有余力时回馈社会，如果连自己的生活都过不好，即使想帮助他人，也会心有余而力不足，但是当我们过得更好了，我们就有更多力量能够帮助别人。

59 打破人生限定，或许能看到更多可能

一个朋友辞职了，"人设"崩塌式的辞职：从做互联网产品转行做了音乐培训。

学市场营销的他两年前来到北京，在一家创业公司做产品，做得不错，工资不菲。但他的"人设"，也就是他在大家的印象中，似乎只会做产品。

他递交辞职信的时候很"戏剧"，领导问他下一份工作准备去哪，他说，自己办了个音乐培训学校，准备教学生弹吉他。

领导的下巴差点儿没脱臼，说，你想明白了吗？这跨界跨的……

他说，想清楚了。

这回领导没说话，签了字。他看到领导的眼神里透着一句话：你会音乐吗？靠谱不靠谱啊？

有疑惑无可厚非，只是领导不知道的是，他从来北京的第一天起就开始自学吉他。每天下班回到家，就自己在房间里打开视频，跟着电脑学，一学就坚持了两年多。

这两年里，他组过乐队，还参加过比赛，从弹奏一首简单的乐曲，到能弹奏复杂的歌谣。直到发现自己很爱音乐并且可以通过音乐谋生，于是他跟几位做教育培训的老师合作，招了第一期的班，他用业余时间去授课。第一批学生很喜欢他，还给他介绍了不少生源。

就这样，他们开了第二期、第三期，直到他发现自己没有坐班的时间了，他决定辞职。

公司的同事说他是个天才，什么都会。而他知道，这世上没有毫无准备的横空出世，只有背水一战的努力，和持之以恒的坚持。

他给我讲这个故事时，我正在他的班上学习，我明显看到了他那种自豪——那种突破了生活枷锁后的自豪，那种打破"人设"后的自豪，那种逆风不惧的自豪。

他说：谁规定我不能突破自己，看到生命的更多可能呢？

这些年火了一个词，就是"人设"。

所谓"人设"，就像你的标签、你的面具，有时候，也像你身上的枷锁。

其实我们每个人都会扮演不同的角色：一个男人，在家是父亲、是丈夫，在公司是员工、是老板；一个女人，在家是母亲、是妻子，在外同样可以是职场人、是领导……

我们不少人也在微博上、朋友圈里经营着自己的"人设"，塑造一种近乎完美的形象。逐渐地，我们似乎开始越来越忘记真正的自己是谁，我们真正想要的是什么。

谁说学了市场营销，就不能教音乐；谁说你现在处于这种状况，未来就没有改变的可能？我们常常用某些固定思维，去设定我们的一生。却忘了，人这一生，如果想要过好，终究还是要靠努力和决心，以及敢于改变的勇气。

我经常会鼓励身边的人去追寻自己想要的，可很多人觉得，我已经是目前这个状态了，不可能改变了吧？

可你是否有问过自己，如果你学的是不喜欢的专业，为什么不愿意在课后去自学另一项技能？为什么你明明喜欢那个专业，却不愿意在课后努力去接触那个领域？为什么你明明不喜欢现在这份工作，还不用闲暇的时间去了解你喜欢领域的规则？为什么啊？

我们，太容易被这些设定弄得焦头烂额、困得动弹不得了。

心理学上有个特别有趣的实验，当你手上拿着一杯水，接下来你要干吗？答案有很多，有人说喝了，有人说倒了，有人说泼到什么地方去。而真正聪明的人，根本不会管这杯水，他们接下来要做自己想做的事情，跟这杯水无关。

我们经常会因为我们拥有的一点东西，而放弃追寻更大的世界。到头来，反而可能会被牢牢地控制在了舒适区。

而那些看起来在轻松跨界的人，谁也不知道他们经受过多少煎熬、付出过多少努力。更重要的是，他们需要多少勇气，才能改变自己不满意的轨迹，过上想要的生活。

我们总喜欢用一些标签化的东西去限制人生，因为这样更容易记住别人，也更容易辨别自己。于是，我们常常在这一个个的标签中，丢掉了自己，忘记了其实我们可以成为自己想要成为的样子。

生命的美好，不就是因为，它具备无限的可能吗？

曾看过这样一句话，朋友圈的"人设"再完美也只是干瘪的标签，一个真实的自我建立在丰盈生活、真实奋斗的基础之上。

今天，正好是我们余生中最年轻的一天。那你有没有想过，未来，你还具备哪些可能？

你还那么年轻，别早早框定了自己的人生。勇敢地去和那个真实的自己见上一面吧。那个自己，或许更美。

60　不是时间冲淡了你我的感情

无意间看到朋友在我空间的留言，刹那，一股暖流涌进了我的心窝……

虽然，好多朋友都不怎么联系了，但当我看到他给我的留言时，我浑身充满了力量，我感觉自己的内心很暖很暖，于是发出了几个月以来的第一条消息，意想不到的是，他很快就回复了我。突然，我感到自己对他多了几分愧疚之情，三言两语间，他似乎察觉到了什么，嘴上说着没事没事，可是我的心情越发沉重。我们聊到了高中那段无忧无虑的时光，时间过得真的太快了，会想起我们在一起背书的场景，一切依旧历历在目，似乎什么都没有改变，改变的只有我们的空间距离。

人们总是说，光阴似箭，日月如梭，随着时间的流逝，一切都会变成美好的回忆，更多的是缅怀，在那段日子里，我遇到了生命中最值得珍惜的几个好朋友，这是我人生中一笔宝贵的财富，那段日子，有他们的陪伴，我觉得自己很幸运，真的，特别特别幸运……

我依旧记得有人问过我："为什么人越是长大，越是孤单？现在的生活那么优越，为什么还总是会想起以前的日子？"起初，他问我的时候，我还不是很理解，不知道该怎样回答？支支吾吾地随口应了一句："因为我们的思想也成长了，想法更多了呀！"现在的我，总是会回想起这句话，或许只有现在的我，才能真正明白这句话背后隐藏的真正含义！

记得有好多次，我和好朋友一起出去吃饭，我一直在玩弄手机，好朋友跟我说的话，我是一句都没听进去，好朋友生气了，也拿出自己的手机开始玩起来，我们彼此都沉默着，最后不欢而散。渐渐地，我开始意识到，其实，玩着冰冷的手机，并没有两个人有说有笑时快乐。于是，我选择放下手机，找寻我曾经遗失的欢乐，不再做低头一族！

现在的人际关系比以前更加复杂了，人与人之间的关系只剩下金钱来维持，朋友之间，坐在一起，基本上就是看各自的手机，根本没有多余的话讲给对方听，或许，这也是比较悲哀的社会现状之一吧！有时候，我们不得不承认，随着互联网的发展，社会并未进步，反而以惊人的速度倒退。人与人之间除了冷漠，还剩什么？我们每天抱着冰冷的手机、电脑，一玩起来，就没有了时间观念，然而，你是否知道，你是在浪费自己的生命？

我觉着社交软件的发明并非为了疏远人与人之间的距离，而是为了拉近人与人之间的心！不要再沉迷于网络不可自拔，走出虚拟的世界，拉近你与亲朋好友的心！

从今天起，给你的父母发去一句简短的问候，一句衷心的祝福……从今天起，给你的朋友发去一句简短的问候，一句衷心的祝福……

从今天起，收起你冷漠的表情，用微笑告诉你的朋友、家人，你过得很好……

从今天起，放下手机，不要再做低头一族！去找寻你那遗失已久的欢乐吧！

61 锤子眼里只有钉子

锤子眼里只有钉子，它的任务只有一个，就是敲钉子，一天天地敲，一年年地敲。锤子因为专心，当然会成功。很多人做事，好高骛远，眼高手低，东顾西盼，太功利太浮躁，所以终无所成。一种生活的常态——执着、专一、坚持，这是成功的关键。

他是电影学院毕业的优等生，高个子，长相英俊，典型的奶油小生，笑起来特别好看。同学们觉得他前途无量，定是展翅高飞的影视大腕。

与同学们预料的一样，毕业后的他接连出演了几部影视剧。正当他的事业稳步推进之时，一场车祸断送了他的前程。他的双腿被卡车轧过，粉碎性骨折，脑袋被另一辆躲闪不及的轿车猛地撞了一下。几天后，他在病床上醒来，表情呆滞，双目无神，两腿被截肢。同学说，他的命不好，被撞残撞傻了，原来笑容俊美的奶油小生，现在甚至做个表情都是种奢望。

康复训练了一阵子，他的两手可以动了，他和家人说自己要"自力更生"，不想让大人养活自己。他瘫痪在床，不能行走，在床上能干些什么呢？思来想去，他想到捏泥人。现在人们生活条件好了，照相、画像已经不再新潮，用泥巴给自己捏人像，一定很有情趣。

家人与朋友都劝他打消这个想法，说捏泥人这种乡下人干的活不受待见，捏泥人这种民间技艺很不吃香，就算国内最知名的天津泥人张、惠山泥人也遇到找不到接班人的尴尬现象。可他有自己的主意。小时候他经常和小伙伴捏泥人，摔泥巴，泥巴就是自己的玩具。就算捏泥人不赚钱，也可以重温儿时的快乐时光。

家人给他搬来泥土和一些肖像画，他照着捏呀捏，摁呀摁。泥土毕竟有水分，因为长时间捏泥土，他的手指竟然起了水泡。水泡破了长，长了破，家人劝他戴上塑料手套捏，他说那样会影响手感，坚持用手捏。

开始，他捏的泥人可以说是歪瓜裂枣，根本不像。后来，他越捏越有感觉，每个作品都是传神俏皮，惟妙惟肖。可后来，他遇到了一个问题，泥人捏得虽然漂亮，但时间一长，泥土干了，会出现裂纹。他研究了很长时间，觉得应该是泥土质量有问题，上网查了资料，终于调出最好的泥土，有韧性不易干裂，这样捏出的泥人，几年甚至十几年也不会变形龟裂。

后来，他开了一家泥人店，专卖泥人，有时也提供"现捏"服务，只要客人站着不动，他照着客人的样子，10分钟后，一个栩栩如生、逼真传神的作品就捏好了。很多年轻情侣都来店里捏泥人。他的生意越来越好，不但养活了自己，几年下来，还为弟弟付了房子的首付。

国内时兴山寨和跟风，别人看他开泥人店能赚钱，于是纷纷效仿，有的打广告，有的造噱头。但一年之内，其他泥人店都因经营不善而关门大吉，唯有他的泥人店生意兴隆。

有人问他："你的生意这么好，秘诀是什么？"

他淡淡一笑："我瘫痪了，泥人是生意，更是我的命，没有它，我活不下去。锤子眼里只有钉子，它的任务只有一个，就是敲钉子，一天天地敲，一年年地敲。锤子因为专心，当然会成功。"

锤子眼里只有钉子，其他人好高骛远，眼高手低，左顾右盼，太功利太浮躁，而唯有他把捏泥人当作一种生活常态，执着、专一、坚持，这是他成功的关键。

62 别让性格决定你的人生

某天，在单位当了多年副职的朋友问我："现在有个当一把手的机会，我很犹豫，要不要去争取一下？你了解我的性格和为人，你说我这样的性格，适合不适合做一把手呢？"朋友性格大气阳光，但缺了点深沉心机，副职一直做得游刃有余，悠游自在，他也很享受这样没有太大责任的职位。他已40过半，婚姻也很幸福，有时心怀梦想和激情，有时又随遇而安不思进取。面对突如其来的机会，他特别纠结。

我想了想说："其实没有什么适合不适合。如果你认为你自己适合，你就能找到很多适合的理由，比如你坦诚正直，比如你业务出色，这些都是成为一个优秀一把手的素质；如果你认为自己不适合，你也同样能找出很多不适合的理由，比如你缺少必要的心机，比如你有时不够细致，这些都会成为你今后工作的短板。"很多人习惯把成功或者失败，幸福或者不幸都归咎于性格，其实那都是借口。性格当然有不同，但性格是一柄双刃剑，哪有那么鲜明的优劣？

不是你是什么样的性格，才适合什么样的职位，才适应什么样的生活；而是，你想要什么样的职位，想要什么样的生活，你就能努力让你的性格适应那样的职位和生活。因为在你努力争取的过程中，你会自觉不自觉地一点点改变，慢慢克服收敛影响你目标的性格，完善张扬促进你目标的性格。

让性格成为选择自己人生的理由，决定自己命运的借口，那是寻常人的态度。这样虽然比较省心省力，但永远都是被动的。

　　回到你的职业，我觉得你不必考虑性格适合不适合，你应该问问自己的内心，你想要什么样的生活？愿意让生活充满挑战激情当然也充满辛苦危险，你就去争取；你享受眷恋现时的安逸轻松就放弃。无论如何，这是你自己的主动选择，无论未来成功还是失败，平淡还是庸常，你都无怨无悔，因为这是你想要的生活。

63 父母尚在，且行且珍惜

一次生前的孝敬，胜过身后百次扫墓；清明烧万堆纸钱，不如在世端一碗饭。

又是一年清明雨纷纷，每至此时，飘飘洒洒的雨水都会浇在我们心上，一颗叫作思念的种子再次生长。四月烟雨朦胧，美景美色，却总带着点淡淡的悲伤。我们缅怀先人，缅怀那些已远去的至亲家人。思念之余，我们更多的是学会珍惜，看看仍陪在自己身旁的至亲，那一刻，最感慨的是，家人在，父母健在。

古代有个孝子叫韩伯俞。他的母亲在他犯错时，总是严厉地教导他，有时还会打他。待他长大成人后，当他犯错时，母亲的教训依然如故。有一次母亲打他，他突然放声大哭。

母亲很惊讶，几十年来打他从未哭过，于是就问他："为什么要哭？"伯俞回答说："从小到大，母亲打我，我都觉得很痛。我能感受到母亲是为了教育我才这么做。但是今天母亲打我，我已经感觉不到痛了。这说明母亲的身体愈来愈虚弱，我奉养母亲的时间愈来愈短了。想到此，我不禁悲从中来。"这个小故事，让人感动不已。

父母在，人生尚有来处；父母去，人生只剩归途。有一些事情，当我们年轻的时候，无法懂得；当我们懂得的时候，已不再年轻。世上有些东西可以弥补，有些东西却永无法弥补……

这世上有一种幸福，叫"父母在"。

家有老人，就意味着这个世界上永恒的亲情还在。工作和事业失败了，可以重来。孝敬父母的时光却永远不能重来。当父母健在的时候，要好好尽孝。

父母尚在，也昭示着生命的黄昏离我们还很远。在生命的正午，我们还有许多的时间把梦想变为现实，脚下生活的路，还是那么阳光灿烂。

上有老的时候，我们应该感到幸福。因为我们已经褪去了青春的青涩，洗尽了生活的铅华，懂得了感恩，懂得了回报，懂得了珍惜和付出。有父母，有家，有爱，无论多么辛苦和劳累，都是幸福的。

这世间，有一种压力，叫作"上有老"。有一种责任，叫作"上有老"。更有一种幸福，叫作"上有老"。

老人终有一天会和我们分手。到那个时候，"上有老"的日子，便会成为最珍视的记忆和一生的怀念。

每想到这一点，我们就没有理由不去珍惜生命里"上有老"的日子，那是上苍赐予自己最美好的一世情缘。

祝天下的爸爸妈妈们平安幸福，健康长寿！让我们一起珍惜"上有老，父母在"的日子。

64　真正阻止你变强大的只有你自己

　　当我们生活过得不如意时，我们总是在抱怨，抱怨上天的不公、没有给自己合适的机会，抱怨生活的压力太大，以至于无法从百无聊赖的生活重担中解脱出来。

　　我们一直在吐槽，也一直在抱怨，而从不静下心来想一想问题究竟出在哪里？我总认为人的强大并不是一蹴而就，真正的强大是一点一滴的积累与改变，从身体到内心、从思维到眼光强大起来，所谓的强大并不是到处炫耀自己立下的宏大誓言，真正的强大是懂得生活的不易，并有改变现状的决心，立下当下的目标，一点点地改变自己。

　　一个人想要变得强大起来，最大的敌人就是自己，以前总不明白这句话的深意，自从被生活施以威胁之后才发觉自己是阻碍自己强大的敌人，因为自己更了解自己，明白自己的喜好，知道自己所有的缺点和痛点在哪儿，可以不动声色地把自己所有的目标和勇气一瞬间击得粉碎。

　　强大是一点点否定过去的自己，并且努力优于昨天的自己，实现自己的强大，就如文中所说，强大是一点一滴的积累与改变，所以从平庸到强大的实现是一个过程，是一个破茧成蝶，浴火重生的过程，所以面对自己的一无是处不要灰心，要相信自己有改变自己的决心与信心，坚信自己，从小事做起，从一点一滴做起。

　　"故不积跬步，无以至千里；不积小流，无以成江海。骐骥一跃，不能十步；驽马十驾，功在不舍。"强大的途径从没有捷径，面对自己的平庸，唯有努力改变才是正道。

　　一代名臣曾国藩从小资质平平，但靠着自己的勤奋好学最终拥有一番成就；越王勾践痛失越国，但每天卧薪尝胆以明志，最终三千越甲终灭吴。

　　想要变得强大，积累很重要，改变也很重要。所以，对于早起，要做的不是拖拖拉拉，而是我可以早起；对于饮食，我们要做的不是吃到大腹便便饱嗝连连，而是适可而止；对于学习与生活，我们要做的不是蜻蜓点水，是专心用心。适当肯定自己也很重要，愿与诸君共勉！

65　再回原点又何妨

　　人一生要走多少的路，看见多少的风景。人一生要动多少次情，流多少滴泪。人一生要行多少善，温暖多少人。人一生……

　　人这一生啊，并不是简单的生老病死。自你降临世界的那一刻开始，所有因你而聚集在一起的人，所有因你而发生的事，一桩桩，一件件，被一根根无形的红线牵连，一笔一笔汇成一个"缘"。

　　人这一生啊，有多渺小，就有多伟大。

　　无论此时的你已经走到了人生的几分之几，都是踉踉跄跄，一步一个脚印。你所迸发的毅力，你所付出的汗水，你所流到嘴角的泪，都是你的荣耀，都是你的勋章。

　　可是假如，假如让你从头来过呢？

　　对，这表示一切的时光都要倒流，泪水退缩回眼眶，果实成为含苞的花骨朵，燕子没有搬家，黄狗还没长大……这样，你怕不怕？

　　承受过一无所有，便无惧一无所有。品尝过酸甜苦辣，才知道个中滋味。所以，你不怕。曾经以为生命是条直线，你那么快地向前，生怕比别人晚一点。可现在却觉得，生命不过是个圆，翻来覆去找的还是一样的点。

　　于是，你不怕回到原点。你说，原点亦是终点。你从头再来的勇气，总能让人放心把所有的希望寄托于你。你的乐观随和的心态，总能让人百忙之中寻到那一点点的舒心。

　　你无比坚信，再次从原点起航，沿着相同的人生轨迹，你却能做出青出于蓝的不凡成绩。这成绩，你固执了多少年，就辛苦了多少年。

　　一年又一年，河里的水依然流个不停，但它从来没有失去过前进的方向。一切推倒重来并不可怕，可怕的只是，失去一切，成为咸鱼的你们，自己放弃了翻身的可能。

　　如果你有那样这样的想法，如果你开始蓄势待发，那么，即便一切重回原点，即便一切推倒重来，又有什么可怕！

66 想法再美好也要靠自己去实现

我们总是想得很多，想法总是很美好的，但是我们也要为此去付出行动，不然单靠想象是实现不了的。

河对岸的山坡上有一片香蕉林，那一串串的香蕉挂在树上，看上去黄灿灿的，已然是成熟了。一群猴子看到了，口水都流出来了，都摩拳擦掌，跃跃欲试，想到河的对岸去吃到那美味可口的香蕉。

可是河面太宽了，又没有桥，要到对岸去的话，除非要学会游泳。猴子们都是旱鸭子，在树上玩耍惯了，哪会游泳。要想吃到香蕉，就得现学。为了能吃到香蕉，第一天，大伙儿都兴致高昂地来到河边，来到水浅的地方，还真的有些不适应，水太凉了，又那么深，浑身湿漉漉的，毛都粘在一起了，那滋味一点也不舒服，有一半的猴子受不了那份罪，放弃了。是的，又不是没有别的东西吃，何必为难自己跟自己过不去，放着好日子不过，非要自寻烦恼呢！

过了十天，又有一半的猴子放弃了，理由很简单，它们不想跟自己过不去，反正有食物可吃。剩下的猴子呢，慢慢地学会了在水里扑腾，能识水性了。

到了第二十天的时候，只有一只猴子还在坚持不懈地学游泳，不但能在浅水里，甚至敢在深水里游了，它心中只有一个信念：就是要尝尝香蕉的味儿是什么。它奋力扑腾，河水呛到了它，它也不在意，总是自己激励自己，给自己鼓劲儿，一定要坚持住，游到了对岸，就能吃到香蕉了。

　　终于，这只猴子到了对岸，成为那群猴子里第一个吃到香蕉的猴子，其余的猴子呢，站在对岸呆呆地看着它吃香蕉。有了美丽的想法，也付诸了行动，可没有坚持下去的恒心，再美丽的想法也等于零。

67　卑微的伟人

富有者并不一定伟大，贫穷者也并不一定卑微。上帝是公平的，他把机会撒到每个人的面前，卑微者同样拥有机会。自卑是心灵的钉子，若不拔去，它就总是折磨人。

一位父亲带着儿子去参观凡·高故居，在看过那张小木床及裂了口的皮鞋之后，儿子问父亲："凡·高不是一位百万富翁吗？"父亲答："凡·高是位连妻子都没娶上的穷人。"

又过了一年，父亲又带儿子去了丹麦。到安徒生的故居前去参观，儿子又困惑地问："爸爸，安徒生不是生活在皇宫里吗？怎么他生前会在这栋阁楼里？"父亲答："安徒生是位鞋匠的儿子，他就生活在这里。"

这位父亲是一个水手，他每年往来于大西洋的各个港口，他儿子叫伊东布拉格，是世界历史上第一位获普利策奖的黑人记者。

20年后，伊东布拉格在回忆童年时，他说："那时我们家除了很穷以外，而且我们还是黑人，父母都靠卖苦力为生。

有很长一段时间，我一直认为像我们这样地位卑微的黑人是不可能有什么出息的。是父亲让我认识了凡·高和安徒生，也是父亲让伊东布拉格认识了黑人并不卑微，通过这两个人的经历让我知道，上帝没有轻看黑人。"

去年"感动中国"的魏青刚就是如此。

他是一名普通的打工仔，只有三年级文化，却做出了伟大的举动、事迹。还有很多像魏青刚这样，却没有魏青刚幸运能上"感动中国"的人。

这使我想起我一生不会忘记的一个具有伟人气质的凡人：一个平凡的农民——方孝祥。

那还是上个世纪 60 年代末。农村生产队经济时期。那时的粮食是金贵的。每人每年共计可分得小麦 60 斤。人们的全部努力就是为了吃饱肚子。

方孝祥是当年我所在的集体生产队的保管员，负责保管生产队全队社员的集体粮食。一次突降大雨，他为了带领全体社员抢救集体的粮食不被大雨冲走，从家里午睡惊醒直奔集体晒粮场。而此时他自己睡觉的平房上，大雨正冲刷走他自家晾晒的粮食！

方孝祥如今已经 84 岁高龄了。他一生平凡，默默无闻。只在电视机上见到过记者。在那个年代，没有奖金，没有表扬。随着时间的推移，连邻居都淡忘了此事。更不要说"感动中国"了！

但是，这件事我一生都不会忘记！并且它影响着我的一生。在我眼里，他是我直接见到的第一个"伟人"——虽然他是平凡的人，却是平凡的伟人！

其实任何伟人，在他成为伟人之前，都是平凡的。就像魏青刚一样。

马克思评论工人说，"在他们的嘴里，人类的兄弟情谊不是空话，而是真理，他们因劳动而变得粗糙的脸上，闪烁着人类的光辉"。马克思描叙的就是平凡的，却伟大的普通人——工人。

68 我只是不服输

从伊宁到乌鲁木齐，坐了 20 个钟头的汽车。从乌鲁木齐再到北京，坐了 78 个小时的火车。四天三夜，八千里路，睡过行李架，钻过座位底，还遇过野蛮人……这样做，为的只是一次考试机会。这个人，是当时只有 17 岁的段奕宏。

这一次，段奕宏落榜了，连二试都没进，当晚还独自一人在天安门广场坐了一宿；一年后，他再来考，复试时铩羽，一个考官还直言不讳地说，"你光是外表就不能通过，退一万步也考不上"。第三年，他还不死心，最后总算遂了愿，而且是西北考生中成绩最棒的。

虽说进了众人艳羡的中央戏剧学院，可随之而来的并不是满足和风光，而是自卑与沮丧。见的世面不多，艺术实践太少，家庭环境不好，最恼人的是长得不帅，所有这些叠加起来，形成一股巨大的阴影将段奕宏牢牢罩紧。因为没钱，段奕宏不能去远地方实习，甚至连一张像样的艺术照也不敢拍；因为不俊，每次拿着简历去跑剧组，哪怕演一个小角色，也无一例外是落空。这种捉襟见肘、自惭形秽的日子究竟有多苦涩，只有段奕宏自己最清楚。

然而，段奕宏不愧是西北边陲的一条汉子。当他意识到自己不能靠外形取胜的时候，毅然决定择路生存。于是，他付出了比别人多几倍的勤奋和时间，力求把每次作业都完成得很完美、很准确。同学们拍戏回来谈天说地，他就傻呵呵地听他们聊，陪他们笑，之后就思考自己从中收获什么，而且把这当作是一门必修课。渐渐地，段奕宏少了浮躁，远离了迷茫。

"我是想做一名演员，而不是一个明星。做明星，自己的长相也就这样，但是当演员，能力和本事要不断历练。"段奕宏这样自勉。所以，大学四年，尽管没拍过一部戏，但他做了最好的自己。

1998 年，段奕宏以全优成绩从中央戏剧学院毕业。没有后台，只有实力，多番奔走之后，段奕宏进入了国家话剧院。从此，他开始演话剧，拍电影，也在电视剧中有了戏份。虽然有了许多的演出机会，但段奕宏一直不火。对于这种状况，他早已习惯，而且能够忍受：

"我演不了偶像剧，就去演苦大仇深的戏；做不了帅哥，可以去演一个孤苦伶仃的老头，通过作品去实现自己的价值，也会让人震撼。"这时的段奕宏清醒地知道，一部戏一部戏地积累才是最重要的。

有一回，导演安排段奕宏与一位女演员合作。那女演员脾气不小，见了段奕宏真人后，立马要求换人。问及缘由，她脱口而出："剧组里那么多男演员，随便拉一个，也比他中看！个子不高，嘴唇太厚，要我与这样的人搭戏，肯定影响心情！"话传过来后，段奕宏心里很不是滋味，还是强作欢颜："我长得是不漂亮，但我可以演得漂亮啊！"后来，好说歹说，那个女演员才勉强答应。可等戏拍完后，女演员竟主动跑来向段奕宏道歉，还说："你演得很好！有机会，还和你一起演。"

在平淡与沉寂中，段奕宏踏实地走每一段路，认真地演每一部戏。每每有了新角色，哪怕那个角色微不足道，他也会满怀激情去迎接。跑了 10 年之久的龙套后，一部《士兵突击》横空出世，一部《我的团长我的团》紧接而来，只用两部戏，全国的观众便记住了他，记住了老 A 袁朗，记住了团长龙文章，更记住了段奕宏。

前不久，在一期访谈中，主持人问段奕宏最欣赏自己哪一点，他十分感慨地说："是不服输。考中戏，一开始就有很多人给我判了'死刑'，我还坚持考了3年。我不知道当时为什么那么坚定，我怀疑过，也想过放弃，但我就是不服！进了中戏和话剧院也一样，很多时候，我几乎看不到希望，不知道未来是什么样子。但在节骨眼上还是有不服输的念头……"

是啊，如果段奕宏服输了，也就不会有今天的绚烂了。人的一生，总会遭遇坎坷，但只要你不服输，你就可以重整旗鼓、东山再起；如果你自己承认失败，才是彻头彻尾的一无所有。

69　你没有想象中的那么重要

　　现代社会的成功往往不是单一个体的成功，很大程度上是站在前台的成功人士背后的那个团队的成功，因此，我们也越来越讲究团队的合作。我个人很喜欢看大片，尤其是美国的大制作的场景宏大的各类大片。可能是美国社会多元化的缘故，美国社会也特别崇拜个人英雄，因此才出产了这么多渲染个人英雄主义的大片。例如，科幻片有《蜘蛛侠》《钢铁侠》《超人》等，战争片有《珍珠港》等，动作片有"007系列"等，剧情总是伴随着突出的个人跌宕起伏。

　　尽管经过三十几年的改革开放，社会的价值观日益多元化，各种社会思潮交杂，但不可否认的是，集体主义仍是社会主流价值。尽管在此期间也有很多对社会做出了突出贡献的个体出现，推动了社会的进步，改变了人们的生活方式，但他们无不是团队的成员，是他们背后的团队协力将他们推到了前台。有些人成功之后忘记了自己的初心，恃才傲物，最终他们都被历史的滚滚车轮所抛弃。

　　前段时间，一个老朋友给我打电话，多年不见，我们在电话里畅谈了很多，工作、生活无所不谈。最后，他向我吐槽，以前觉得自己在公司挺重要，现在觉得还是那句老话说得好，地球缺了谁都照样转。他也是公司的老员工了，上司对他也挺器重的，比较重要的业务也是由他亲自操作。

　　虽然事务很多，担子也越压越重，但朋友还是觉得很有成就感，至少觉得自己在公司有举足轻重的作用。直到有一天的一件小事，朋友才发现原来自己也不是那么重要。朋友所在公司的另一家分公司的同事过来交流业务，朋友被安排参与接待工作，当天分公司的同事由于交流时间较长，晚餐时间有所耽搁。

朋友像往常一样在公司做着自己的事，等着电话参与接待工作，但一直到很晚他的电话都一直没有响过。朋友对我说，一路同行的同事那么多人，到最后没有一个人想起他，心里真不是滋味呀。说到这，我安慰他，做好自己的事就行，你是成长在一个团队当中，也许你觉得自己很重要，但还没有到缺你不行的地步。

我想，在职场中和学生时代的学习一样，犹如逆水行舟，不进则退。团队分工不同，有重要的部分，也有相对不重要的部分，但他们仍是一个整体，要么在团队中，随波逐流，成为一个渺小的螺丝钉，要么时刻学习，提升自身价值，提高自己在团队中的不可替代性。

70 辩证地看问题才不会被淘汰

从小我们在一次次考试中，特别是面对一些封闭性题目时，认识到了答案的唯一性，但长大后的现实给我们的题目却没有一种非黑即白的选择，它往往具有多个答案，结果并不代表着唯一。这也使我们在处理一些开放性题目时思维有所局限，丰富的现实生活让我们认识到辩证地看问题是打开思维局限的最好的方法。

最近，参加了一次关于心理方面的培训，让我受益匪浅。朱德庸的漫画想必很多人都看过，其中《跳楼》这幅漫画的寓意就很深刻。一位女士从 11 楼跳下，在下落过程中，看到了各楼层的邻居不为人知的另一面。平时以恩爱著称的阿呆夫妇正在互殴，平常坚强的 Peter 正在偷偷地哭泣，阿妹发现未婚夫和最好的朋友在一起，丹丹正在吃抗忧郁症的药等等。在女士跳下楼下落时才发现每个人都有自己的困境，这时她才发现其实自己过得很不错，可是这一刻为时已晚。当她重重地摔在地上失去生命时，刚才她看的邻居们现在都在看她，他们会觉得他们自己其实过得还不错。

在我们初入社会时，面对用人单位的招聘时，许多用人单位都会在面试阶段设置开放性的题目考验应聘者的观察能力和随机应变能力。记得那是多年前的一个面试，多名面试者经过层层筛选进入面试环节，进入面试的房间后，桌上只有一个包，在距离面试时间还有 5 分钟的时候，一名保洁人员进入房间"不小心"把面试者身上碰上墨汁，多数的面试人员会非常愤怒，会第一时间冲到厕所对污点进行处理，但越用水处理污点越大，以至于面试者要么错过面试时间，要么在面试时显得很慌乱，从而影响面试者整体的形象。最后只有一位面试者不慌不忙坐下来有条不紊地开始了后续面试环节，因为她用桌上的包挡住了污点，形象得体、大方，临场应变能力强。当然，最后她顺利进入该公司工作。

塞翁失马的故事，我们都应该听过。战国时期有一位老人，名叫塞翁，他有个独生子，非常喜欢骑马。他的儿子每天都骑马出游，心中杨杨得意。一天，他高兴得有些过火，打马飞奔，一个趔趄，从马背上跌下来，摔断了腿。邻居听说，纷纷来慰问。塞翁说："没什么，腿摔断了却保住了性命，或许是福气呢。"邻居们觉得他又在胡言乱语。他们想不出，摔断腿会带来什么福气。不久，匈奴兵大举入侵，青年人被应征入伍，塞翁的儿子因为摔断了腿，不能去当兵。入伍的青年都战死了，唯有塞翁的儿子保全了性命。

互联网时代，创新越来越成为行业驱动的重要因素，越来越多的竞争表明，超越原来行业巨头的企业往往不是来自本行业而是来自于跨界的竞争对手。在通信行业，电信、联通对移动多年发动的短信、话费资费竞争并没有撼动移动在该领域的霸主地位，但来自互联网领域的腾讯公司开发的微信从另一个全新的领域彻底打败了三大电信运营商。在出租车行业，由于其天然垄断的特殊性，服务质量饱受诟病，虽然各出租车公司之间也存在竞争，但多年以来波澜不惊，而以科技公司身份出现的滴滴、优步却使出租车行业一败涂地。在每年"双11"大家疯狂"剁手"的同时，打败传统线下企业的不是各百货公司、商场、超市的传统竞争，而是来自于互联网领域的电商平台的全新竞争。在未来，我们的工作的竞争不是来自于同事，而是来自于越来越强大的人工智能。

在互联网时代，这些都给我们相当多的启示，我们看待问题仅局限于现在、周围的眼光，而不跳出传统单一思维，从多角度辩证地看待问题，从全新领域换道超车，那么我们注定会被社会所淘汰。

71 没有一种喜悦，
   是你不努力就能得来的

从懵懂无知到成熟，喜悦来得越发不易，而获得喜悦的方式也变了。小时候，喜悦如同被施肥的萌蘖，你曾以为全世界都应该给予你，而你没有想过给予全世界任何事情；以后，喜悦长成了蔚然之树，没有哪位种树人会像小时候那样如此宠你、爱你。至少种树人并不会在风雨来临之际，为你打伞。从前啊，我们都会为了凌冰甘甜的糖葫芦而喜悦；而如今挑灯夜读的夜幕，叠床架屋的工作，才是人喜悦的根源。

其实长大，无非就是学会了哭，遗忘了笑。

曾经的你，以欣赏绚丽多彩的花为喜悦，现在的你，是否可以以自己种花的成就感为喜悦呢？春花秋月，曾几何时，喜悦变了，悲也变了。

人生不过是由一道道关卡组成的。整个游戏或许会因为你的懒惰而结束。

"哀莫大于心死。"日子如白驹过隙，没有几件罗衫经得起河边的捶打。人原本都是含苞待放的野花，在阳光下摇曳前，都要经历一段难忘的黑夜。如果有朵野花在黑夜中凋零了，那么或许它的心死了，它面对阳光的心死了。

你别失落，这世界还是一如既往的萧瑟肃静。你别担心，这世界的人也没有变坏，他们还是可爱的。杞人忧天不如花时间充实一下自己。不要总觉得生活变得不尽人意，大多数情况是本人变得不尽人意了。

你只是需要努力，不要让人生只是单一的快乐。

72 都这么差了，
你凭什么还不努力

近来，一篇《月薪三万，还是撑不起孩子的一个暑假》在网络上疯传，文章讲的是在企业当高管的妈妈，月薪三万出头，女儿在广州某外语学院附属名校读五年级，家里大头支出由老公搞定，最近却连新衣服都快不敢出手了，原因就是孩子放暑假了！文章中一一列举了孩子暑假的各项培训开销，比起孩子妈妈的收入，还存在几千元的缺口。

初读这篇文章，一是感觉太震惊，二是觉得差距太大了吧。月薪三万对于大多数的家长来说，应该都是一个光鲜亮丽的收入了，但这对于成倍增长的教育成本来说也显得入不敷出。对于身处中小城市生活的普通人来说，孩子暑假的培训费就超过三万元，这绝对是一笔巨大的开销。看到这里，我又想起了几年前一篇红遍网络的帖子《寒门再难出贵子》，随着近几年经济的不断发展，各类资源继续向大城市集中，又持续加剧了教育资源的不平衡。

不让孩子输在起跑线上，也不知道这是谁提出来的口号，造成家长们之间的盲目比拼，势必造成教育的不公平。其实，提出这句口号就证明已经输在了起跑线上。

在我们成长的时代，大部分的家庭都还不富裕，对于教育我们一般也就学习课本上的知识，但现在更加强调了对孩子除了课堂知识之外的知识培养。现在假期一到，各种培训班都火热开班，A家的孩子报了乒乓球班，B家的孩子报了游泳班，C家的孩子报了美术班等等。仿佛学生、家长都加入到报名参加培训班的争当中。对于培训，作为家长也陷入了一个两难的选择当中，不给孩子报班，其他孩子都在学习，不学习会落后；给孩子报班，孩子自己不坚持，钱也就打了水漂了。

关于差距，我想就在我们读书的那个年代已经在慢慢显现了。记得那是大学的时候，同学们都是来自五湖四海，有的更是来自一线大城市，家庭条件各异。当时，在小城市，电脑还并不普及，直到大学开始学习电脑课，我才第一次接触到电脑，还记得当时是 Windows98 的操作系统，从未接触电脑的我连电脑开机都摆弄了好几分钟，最后还是在同学的帮助下才顺利开机。后来，同学在一起聊天时，部分同学就诉说自己到某处旅游的感慨，畅谈自己坐飞机的感受。当时，感觉那些都离我好遥远，别说坐飞机，就连真正的飞机也没有近距离地看过。今天，自己工作后也有能力坐飞机旅游了，但依然有更多的朋友见闻我没有尝试，还有更多的目标等待我去追寻。

借用以前看过的一本书的书名，《失败的人没有悲观的权利》，只有通过不断努力，让自己的价值配得上梦想！

73 年少有为的梦想

谁都想年少有为，可现实却是很多人一生碌碌无为。每个人在年少时，都对未来有美好的憧憬，以为等到长大后，这些憧憬就能一一实现，但真正等到年老那时，却发现梦想一个都未曾实现。

今天，许久未发朋友圈的大学同学，突然分享李荣浩的歌曲《年少有为》，配文却是年少无为。我们已经离开大学许多年了，有些人混得风生水起，大部分人却一直碌碌无为，差距一点点产生，焦虑也在一点点增加。如果这辈子注定年少无为，我们该以何种姿态来面对自身呢？又以何种面貌来面对，对我们寄予厚望的父母呢？

在抖音上有一段视频，看得我特别有感触，是一位记者问一位阿姨："你希望自己的孩子平庸吗？"阿姨说："我现在不能，记得台湾作家龙应台说：孩子，我要求你读书用功，不是因为我要你跟别的孩子比成绩。而是因为，我希望你将来会拥有选择的权利，选择有意义、有时间的工作，而不是被迫谋生。当你的工作有意义，你就有成就感；当你的工作给你时间，不剥夺你的生活，你就有尊严。成就感和尊严，会给你快乐。我希望他以后不是被迫谋生，而是可以享受人生。"听了这些话，让我感慨万千，确实只有年少有为，才能选择自己喜欢的活法，才能度过快乐的一生。虽然有许多人说，读书不是万能的，你看那个"谁"，不读书也照样当老板赚大钱，但是当今这个社会，又有几个人没有文化还能成事呢？即使他们在学校不读书，但在社会上也是历经千锤百炼才有如今的成就，对于我们这些普通人，要后台没后台、要人脉没人脉、要长相没长相，还是踏踏实实努力学习吧，如此才能让自己的未来好过一些。

如今的你，别再为自己已经落下的行程耿耿于怀，与其伤心，不如想想怎么亡羊补牢。好好把握当下，抓紧现在的时间，奋起直追，就能把落下的路程，一点点追回来。现实如此残酷，容不得我们懈怠，如今的社会越发弱肉强食，没有本事的人，只能成为廉价劳动力，终日埋头在最辛苦、最简单、最劳累的工作上。你想一辈子都被踩在脚底下吗？如果不愿意，就抖擞精神，从现在开始努力。只要认定一个目标，就持之以恒地朝之努力，努力永远都不晚。

其实我们只是想做一个渴望走出去的自由人，可我们的思想太沉重，不由得就给自己增加了很多的负担，很多道理谁人不懂，我们只是缺少足够的理由说服自己，一念之间的选择，我们总是错过那刹那。

多想我们能够有着明确的方向，我们只为了实现它而奋斗，可我们最初的梦想，早已经迷失在了生活与现实中，我们丧失了很多的东西，但到底得到了什么，我们也不清楚。

这次，我也遇到了两难的选择，以前做选择时，心里会有一个天平，我一定是会更倾向哪一边的，这次竟然哪边都没有倾斜，时间不会停下来，它会驱使我做出选择。

只是想要用我的感受来告诉所有人，希望所有迷茫的人，都可以朝着自己的方向坚定前行，我们都很好，我们都与众不同，我们都要对自己有着莫大的信心。

让我们一起加油，让"年少无为"四个字，变成"年少有为"吧。每个平凡的人生中都肯定存在非同寻常的成长历程，而只有在不断的成长中，才会领会到人生的真谛。

74 我不怕忙和累，
我只怕过不喜欢的生活

看见自己喜欢的东西，总是想得到。看到美丽的东西，总会很向往。有了想要的目标，除了不择手段你都要努力得到。

当日子舒服地过习惯了，总是一努力就觉得自己使出了全身的力气，但这样不常接触的事情总是想要去征服。忽然想到十三四岁时，会觉得那些喝酒、打架、文身的人很酷。可现在，却觉得能一直坚持看书、学习、跑步，做一件不容易的事情很酷。因为那些十三岁时看起来很酷的事情只要你想，你就可以分分钟做到，可那些不容易做的事情，总是磨着你的耐心与毅力。看到身边很多人做着自己不喜欢的工作，然后被迫接受，去过一年或者一辈子。我想一辈子很长，趁着可以改变时，应该多做一些事情吧。

花花，一位柔弱、我见犹怜的女子。东北女孩了，自己拉着大皮箱跑去南方上学，高中时成绩非常棒，高考后很多人都惊叹她的成绩与一头闯进南方的勇气。

可是大学后，花花每天都在打游戏、看电影，时间一下子过去了。每天叫嚷着自己迷茫，可并不谋出路。舒适地过了四年，现在在北京找了一份很辛苦且又只有将近三千元工资的工作，因为大学没有考取任何证书，连最低的门槛都达不到。学习毫无自制，想要改变却总是犹豫，然后就这样一直过着不开心的日子。

人生是场马拉松，终点是死亡，所以"舒服是留给死人的"。用暂时的不舒服，暂时的痛苦，暂时的羁绊，去换取想要的生活，你愿意吗？反正我是愿意的。况且，不断折腾和体验，最后会让你知道适合自己的才是最好的。

两年前我有个梦想，多读书，多写字。这些需要独处，需要时间，刚放弃浮华的一切时，内心也有不甘，可放弃之后得到的自由和快乐让我觉得这真是最正确的选择。我常常看书，把眼睛看得朦胧与模糊，会心血来潮在深夜码字，会放弃很多热闹的时候，但这是我喜欢的，做喜欢的事情全身总是有用不完的力气。

所以，即使面临一个全新的领域，我也不会怕累，不会怕折腾，我只怕过自己不喜欢的生活。

75　每一个人都在努力地变优秀

"你见过凌晨四点的洛杉矶吗？"

这句话是出自NBA巨星科比，一位记者在采访NBA巨星科比时问："你为什么会如此成功？"科比反问道："你见过凌晨四点的洛杉矶吗？我见过每天凌晨四点洛杉矶的样子……"这句话激励着无数拥有篮球梦想的球迷，同时也激励着无数怀揣着梦想的热血年轻人。在我努力回到正轨，努力追求自己心中的那个梦时，这句话同样激荡着我的赤子之心，激励着我努力前行。拥有极高天赋的人尚且依旧如此努力，我们有什么理由不更加努力？

上初中时，我梦想的高中是我们市里最好的高中，可是后来我的成绩，却只有290分！面对600多分的录取线，这俨然是一场讽刺。

大概是初一第二学期开始，我初中生活就注定不能安然度过。因为家庭的一些原因，加上所谓的青春叛逆，我的情绪开始悄然变化，在家长同学眼中，我一向以来便是所谓的乖孩子，也的确极少做出出格的事，但是我开始极讨厌这个标签，因为这个标签早已不再适用于我。一向听话的我竟开始和妈妈顶撞起来，似乎也更易动气。

后来又经历了很多事，让我变得更多，我开始对一切都无所谓，很多东西在那时候，变得不再重要。一个人最可怕的状态，我想也莫过于对一切都无所谓、浑浑噩噩了。我开始放纵自己，而结果自然可想而知，成绩每况愈下，而我却并不在乎。可日子从不待人，时光则眼睁睁地流逝于我趴在课桌上迷睡之时……然而更可怕的是，我竟产生了辍学的念头！

　　一次放假回家，我冥思苦想，欲与母亲坦白我不想继续读书的想法，可是却始终开不了口，欲言又止。最后已是到了返校的时辰，母亲语重心长地跟我叮嘱："你也不小了，也将要初三了，回去好好学，将来这个家还得靠你……"又递给我几张整齐的票子，我微低下头看着递过来的生活费，我拿在手中，母亲又说："不够再跟我们说，不要乱花啊……"在我望着母亲脸的一刹那，我心中微微一怔，我已经记不清有多久没有这么近地看着妈妈了，才发现母亲脸上又多了些皱纹，鬓发也多了些刺眼的灰色，那一刻，那几张票子格外地沉，压于手心，压于心上，心里的一团东西在翻涌，而我一直在强忍。

　　妈妈送我出门，又叮嘱着："在学校多吃点饭，还有衣服没？天要凉了在学校多注意，穿衣服别老穿得那么少，在学校就好好学，不要贪玩啊。""嗯。"我低声回答着。告别，转身，脑海里闪现着妈妈有些憔悴的面容和流露着些许不舍的眼神，曾渴望离开家的我，现在竟在留恋！

　　此时母亲正望着我的背影，看我渐行渐远，眼神里带着不舍和期望，而我想起自己之前那个愚蠢的念头和母亲憔悴的面容，我咬着唇，不敢回头，任视线开始模糊……

　　从那时起，我如沉梦初醒，亦愧疚不已，对一切的肆意荒废，更是感到可耻与痛惜，我如获新生，我再回首望及曾来时的小梦想，才发现已将快忘记我还曾有如此之理想，而它已落满灰尘，我重拾起来，小心擦拭，再好好装进行囊，重新启程。

　　我开始重新努力，把一切落下的课程再慢慢补回来，可是并不是那么容易，因为要补回的东西比我想象得还多，但是我没有气馁，因为往事的种种和心中强大的渴望，在时刻激励着我，让我坚定地前进。科比说："你见过凌晨四点的洛杉矶吗？"是的，我没见过，但是在那一段时间里，我晚睡早起，校园里凌晨五点的灯光，我发现格外的美丽！清晨里我形单影只，虽然如此，但我并不觉得孤单，人生的很多路程，不都得要一个人风雨兼程吗？何况还是在追求理想和自我救赎的路上。就如汪国真的一句诗："既然选择了地平线，留给世界的只能是背影。"何况我还有凌晨五点的微光，照亮我心房……

终于，初三的模拟考试中，我从 300 分，提到了 500 多分，对于很多人来说，这个成绩也许并不算什么，也不足挂齿，但是对于我是一个进步，是有成就感的。而我也一直相信，只要足够用心去努力，你一定会有收获，所谓"上天不负苦心人"。

青春，是一个美丽的时期，懵懵懂懂年少轻狂，也是一个易使人迷茫的年纪，正因年少，不够成熟，面对种种是非，面对形色阡陌，常常迷失自己，坠入深渊，可是谁的青春不迷茫？可怕的并不是迷茫迷失，而是深陷其中无所感悟，然而这个年纪难能可贵的是我们敢想敢做，拥有很多炫丽的梦想。

而关于梦想，我看到一个很满意的回答，梦想最大的意义，并不在于，你最终是否实现了它，而是它赐予你信心，带给你希望，给予你力量。在这个过程中，你就已经历练、打磨、沉淀出了更好的自己。正如《星空日记》里所说，不是现实支撑了你的梦想，而是你的梦想支撑了现实。

所以请时刻记住梦想，梦想给予我们生活的希望、前进的动力，请别让你的梦想落满灰尘，我也希望，不管世事如何，岁月沧桑，你依旧拥有梦想，并为之努力奋斗！

76 要想飞得更高，
就要把地平线忘掉

　　当我们接到高中学校录取通知书的那一刻，就要做好背起行囊，远离家乡的准备，你要以一颗不变的初心，应付万变的社会。

　　高中，是一道坎，只要你坚定心中的信念，有披荆斩棘的决心，这道坎就会成为你向上的垫脚石。但是如果你立场不坚定，这就会是你成长路上的一块绊脚石，而且还会把你绊倒摔得很惨。

　　最不好过的一道坎，就是离家，家是我们最依赖的地方，我们从小到大都生活在家里，突然离开它，到学校去住宿，必然有许多的不适应，我们第一次走出家门，独自一人面对一切，难免会想家，有些同学因为不适应，想到了退缩，可你知道，一旦退缩，你将会输掉整个未来。

　　家是温暖的，但你不能一辈子都待在家里，如果你不走出家门，经历风雨，那你永远都无法成长，我们之所以离家，为的就是心中向往的远方，为的就是心中的梦想，在你伟大的梦想面前，这些眼前的小挫折又算得了什么？人生难免有挫折，你可知道，你经历的这些艰难困苦，不过都是些你通向成功不可避免的铺垫。不管是什么原因，都不能放弃，念高中的过程，不只是学习的过程，在这个过程中，你的世界观和人生观都在不断地刷新，所以，念高中是你人生道路上不可或缺的一个过程，如果不念高中，那你整个人生都是不完美的，所以，为了不让自己留下遗憾，不管有多困难你都要坚持，只要坚持到最后，成功就属于你。

　　不要有留念，一个频频回头的人是走不了远路的，当你挑灯夜读时，当你筋疲力尽时，想一想家，那里有你最爱的和最爱你的人——父母，不管什么时候，他们都会是你心中最坚强的后盾，他们会一直鼓励你，支持你，你也要为了他们更努力地学习，因为只有那样，你才有能力去给他们更好的生活，才能回报父母的养育之恩。

　　人生如白驹过隙般短暂，不管结局如何，只有努力过，才不会给人生留下遗憾，当你冲破一层层阻碍，抵达成功时，你会惊讶地发现，原来自己已经成长了这么多，上知天文地理，下知有机无机反应，前知历史文言，后知科学发展观，自己的学识在不知不觉中增进了不少，而且在为人处世方面也成熟了许多，会在大人的谈话中插入自己的观点并加以论证，遇事冷静处理不再大呼小叫。看着成熟的自己，很是感激，当年没有在能吃苦的年纪，选择了安逸。如果你想飞得更高，就要把地平线忘掉，为了心中的梦想与远方，不忘初心，奋勇前行。

77　别让鸡汤麻木了你的思想

　　人都喜欢听好话，来满足自己内心的虚荣。但是好话听多了也会麻木。这个社会就只能用毒言来抨击，才能唤醒一些人。

　　当你踏入社会，你就会发现，你所谓的付出和回报压根不成正比。我就遇到过这样一个人。那是在高三的时候，我们班里有个人特别的拼，每天晚上挑灯看书到一点，五点起床背单词背古诗，最终头发都变白了。而我当初是个学渣，因为好奇心的驱使，我就问他"为什么这么拼，这样你受得了吗？"他眼神坚定地告诉了我一句话，至今让我难以忘记："一无所有就是我拼的理由。"

　　生活中，有话就要说出来，有情绪就要发泄出来，有爱就要讲，不要整天怕这怕那，我们的青春也不长，干吗非要那么怂？我生平最看不起这样一类人，他们很有理想，很有抱负，看起来也很忙，给人感觉也很努力，可是他们最后还是养活不了自己。因为他们懒，只会动嘴皮子，却从来不动手。没有行动的理想，不过是白日做梦而已。

　　到了现在这个年纪，父母能帮到的也越来越少，最终还是得要你撑起这个家。就以你现在这种慢性自杀的状态，难道以后你要让你的一大家子人挨饿吗？趁现在，多学一项本领。以后，就能少求别人一句。

　　穿白大褂的不一定都是天使，有可能是恶魔。你要擦亮你的眼睛，在这个社会里，有很多敷衍与虚伪，真正想要骂醒你、帮你的人不多，如果遇见他们，请你珍惜。别放弃你最初的梦，别让社会嘲笑你。要时刻谨记，害人之心不可以有，但防人之心绝对不能无。

我想大家都知道，玩网络游戏的一般有两种人。一种赚钱，一种烧钱。可是为什么还是会有很多人沉迷于网络游戏无法自拔呢？因为他们懦弱。他们讨厌现实，他们害怕孤独。总而言之，就是把父母的钱用错了地方，掩饰了他们内心该死的软弱。

如今，心灵鸡汤越来越多，很多人都已经麻木了。"鸡汤"慢慢成了"毒汤"。就好比冬天到了，惰性在肆意地传播一样。简直是"一发不可收拾"。人都喜欢听好话，来满足自己内心的虚荣。但是好话听多了也会麻木。这个社会就只能用毒言来抨击，才能唤醒一些人。

78　二十出头的我只想挣钱

以前听到过一句非常正能量的话，那就是："金钱能买来很多东西，但买不来健康。"曾以为这是一句至理名言，钱财都是身外物，哪有这么重要。等到二十多岁时我才真正地发现，其实在学校里学的那句话是骗人的。

我不是说学校学的东西没有用，只是觉得有些时候有点像"唯心主义"，好多东西并不是看到的样子，却刻意雕琢成了想象的样子。就像那些总是说对钱财不感兴趣的人，其实他们比谁都努力，因为他们想要过更好的生活，而更好的生活的标准就是拥有金钱，有了金钱才能做很多自己想要做的事。

记得以前最喜欢那种说走就走的旅行，也特别羡慕那些人有那么大的勇气。可是当自己真正经历了一次之后，就发誓以后再也不要这么傻了。

你知道吗？旅行最需要的就是钱，车费要钱，吃住要钱，买纪念品要钱，有时候甚至问个路都需要在别人的店铺里买一点东西，才好意思问路，别人才会热情地给你指明应该怎样走。

有人说二十多岁的时候就应该活得像样一点，在很多人的标准里，像样的生活就是有一段刻骨铭心的爱情，有一场说走就走的旅行。可是在我们才二十出头的时候，难道真的要这么荒唐吗，旅行的路费你还好意思伸手向养了你二十多年的父母要吗？谈一场恋爱，给喜欢的人买礼物，一起去吃饭，你真的忍心拿父母的血汗钱去养一个与你的未来没有关系的人吗？

也许有人会觉得我的观点有点偏激，但这就是事实，就是我们在二十多岁这个尴尬的年纪所面临的事。有的时候并不是现实有多可怕，而是在现实面前我们都没有勇气去面对。就像中学的时候害怕数学，于是特别害怕见到数学老师，就算在操场上遇到了，也会故意加快脚步或者放慢脚步，就是不愿意和他擦肩而过。

我最喜欢的一个故事就是关于爱情和面包的，你连面包都没有，哪有什么资格谈感情。难道你要和你爱的那个人一直住在出租屋里，经常因为生活的琐事而发生争吵，为了明天的生活而彻夜难眠吗？有的人会说我没有那么现实，只要我爱她，她爱我，这样的感情就已经足够了。

可是你们有想过吗？即使现在的你们能过得心安理得，难道这一生就这样两个人过，不需要孩子？要知道，当两个人的生活有了孩子之后就会发生翻天覆地的变化，同时这也是对爱情最大的考验。

所以在我二十多岁的时候，只想挣钱，其他的都是不切实际的空想。我不想因为一次旅行而计划好久，还要看坐什么交通工具最省钱，也不想因为穷游而在当地住最差的旅行社。看到喜欢的东西也要看看存款余额还有多少，即使有好吃的小吃也要在心里纠结好久，才会下定决心去买。

在和自己喜欢的人一起逛街时，最害怕的就是她要买这买那，说不愿意买又觉得不爱她，会惹她生气，要是买的话，就得花费一个月或者半个月的工资。有时候甚至吃一顿西餐都要计划好久，才能在无数的开支中抽出一些去体验一下有钱人的生活。

有梦想虽好，但是我们一定要在保证自己生活的情况下再去做关于梦想的事，不要因为梦想而做一个现实的傻子，每天亏待自己。那样的生活又有什么意义呢，且不说最后能不能成功都还是一个未知数，就算成功了又有什么用呢，还不是遗留下了无数的后遗症。

79　学会展现自我

语言，是群体之间交流的一种方式，能够使群体成员之间相互传达各自的信息，让信息能够流动起来。从古至今，人类社会也不知道到底产生过多少种语言，但随着人类历史进程的发展又有多少语言在人类历史长河中湮灭。而现在世界上主流的语言是英语、汉语、德语、法语、俄语等，今天我想说的语言是地图语言。

从古至今，人类社会产生过各种大家，人类文明流传至今的语言记载可谓是汗牛充栋。最近读到的《谁在世界中心》却用地图的语言解读了当今世界版图的形成，从另一个角度记录了人类历史的进程。

在古代时期，人类受自身认知、历史发展限制，对我们生存的地方的认识是有限的。各个区域的人群也许都认为自己是世界的中心，中国，中央之国，应该也有这种含义在里面。通过对比两个古老的文明发源地，欧洲和亚洲，用地图的语言诠释了欧洲至今存在众多国家和东亚大一统的格局。用文字记载的历史我们在阅读时也许会感到单调，有时难以理解，但用地图语言记录的历史会让我们觉得栩栩如生。

通过地理知识的讲解，我们了解了为什么在中华文明边缘区的东南亚形成了众多版图大小不一的国家，从地理的角度解读了中华帝国在历史上版图相对稳定，并能够形成大一统中央集权制的原因。从解读地理的角度，我们深深地感叹形成今天疆域辽阔的国家，多少前人做出了多么卓著的贡献。

从地图看世界，联想到个体，个体也是复杂的、多样的，不同的能力展现不同的自我。有的人文笔好，能够写出让人赏心悦目的文章；有的人才艺好，能够给大家带来愉悦感；有的人口才好，能够带来让人心潮澎湃的演讲。书本上教育我们，国与国之间的竞争，归根结底是人才的竞争。而人才之间又有多方面的竞争，人的时间和精力总是有限的，对于自身的技能，你可以不必面面俱到，但一定不能什么都没有。现在越来越流行跨界，社会的包容，让更多有才华的人能够展露自己，而不必拘泥于自己的职业。任何一种能力练就到极致，它都会使个体成为行业的顶尖人物。

也许，在人群中，你不一定是最富才华的，不一定是跑得最快的，不一定是跳得最高的，不一定是最有才艺的，也不一定是最富有激情的，但在每个人的身上总有那么一点闪光点，请找到它，帮助它成长，让它不断壮大。三百六十行，行行出状元。先辈已经向我们证明，只要找到我们的擅长点，不断精进，我们就可以成为行家里手。做更好的自己。

80 你的努力从不曾石沉大海

　　明天、未来、坚持、希望，诸多积极向上的词汇充斥着我的脑壳，我不曾放弃一切我认为值得坚持的事情，即使不被任何人看好，即使会被现实很残酷地一次次打倒，我也不动摇坚持的信念，因为我知道每一次的咬紧牙关都会换来一个我想要的结果。

　　不被别人看好，又如何？现实生活的确很残酷,可那又怎样？你真的问过内心深处——现在的你是你想要的模样吗？

　　也许我们做的事，不是事情本身的难度有多大，而是克制自己本身去持续努力的难度真的很大，我们坚持努力不是为了证明给谁看，只是想给拼命的自己一个交代。

　　有时你羡慕别人的清闲，可是你知道吗？当你忙得连喝口水的时间都没有的时候，别人又是怎样羡慕你的充实？

　　一个朋友过五关斩六将，终于到了梦寐以求的公司，进去之后发现，相比进这家公司，难得多的是在这里更好地发展下去，人人是传奇，处处拼实力，与公司同事相比他觉得自己简直弱爆了。为了做个文案努力追赶同事的步伐，他推掉了闺密的生日宴会，文案不能达到客户要求又被上司骂得狗血淋头，你知道吗，当文案第九次审核的时候才达到了客户的满意，那一瞬间他憋着眼泪笑得肆无忌惮……通宵达旦地做文案，从开始到达到客户满意，他明白了一个道理，这世上没有任何一件事是轻而易举的，你以为的很好也许在别人眼里就是垃圾。他之所以这么努力，不是想证明自己，只是想用成果安慰拼命的自己。个中心酸，也许只有经历过的人才能懂吧。

我们每做一个决定，都与未来息息相关，你可以选择放弃，也可以选择坚持。你想碌碌无为，还是奋力一搏？这取决于你自己，取决于你想获得社会尊重的想法有多强烈！

无论哪个行业，你在哪个职位上，都会遇到挫折坎坷。这是规则。

社会制定了一系列游戏规则，要么你适应它，要么你被淘汰。朋友的经历让我懂得，你的努力坚持从不曾石沉大海。

这世上没有突如其来的惊喜，只有你持续努力出现的奇迹。

81 有得就有失，
没人会一直等你

　　没有人会一直等你，说好要照顾你一生的人，总是选了一个风和日丽的午后，悄无声息地走远了。你只能看着他的身影，来不及说一声再见。

　　在这个世界上，永恒不变的，只有血浓于水的亲情。

　　你本来相信爱情，后来爱情伤了你；你本来相信友情，后来友情伤了你；最后你什么都不相信了，却发现自己伤了自己。

　　岁月如流水，风霜如人生，历经沧桑的人生，总是充满坎坷荆棘，不是苍白的言语所能概括的，有的时候，会静静地自己一个人，偶尔会看看书，或是什么也不想做，总希望有那么一个人，即使什么也不做就这样静静地陪伴着，也是幸福的。

　　记着孩童时期，每一天都是短暂的，也是漫长的，可是正因为身边有一个和你在一起的人，每天你都会在清晨，敲开他家的房门，然后喊着，"起来啊，起来玩，不要睡了"，总会听到极其不愿意的声音，"再睡会"，可是依旧不肯让他就此睡去。每到周末是你最快乐的日子，因为你终于可以不用背着沉甸甸的书包去学校。那些逝去的日子，总是一直在你的梦中，你不愿就此醒来，只愿梦里的时间再长一些，这样，就可以多享受一会儿那些逝去的日子。

　　人生就像一直不断前进的火车，不论你想要到哪里，都可以停止前进，在你喜欢的地方下车，可是也总会有许多的无奈，因为旅途短暂，风景虽好，可是那终究不是你想要一直留下的地方。美好的事物总是短暂而值得人珍惜的，因为过去的不会再重来，你不知道你将会遇到怎样的人，会经历怎样的人生，可是人生的每一个时期，每一个短暂的而富有意义的日子，都是值得珍惜和怀念的。

人生不要走过去了，才回首发现，那段日子是你值得珍惜和回忆的，你开心的每一天，或是感动的每一天，都是值得倍加珍惜的，因为谁也不知道以后是否是美好的，可是那时的快乐或是悲伤，不论结果如何，你真的感动过，或是真的开心过，那也是好的。

生活总会教会你很多你不懂的，你也会跌倒，会摔得鼻青脸肿，可是你依旧执着地不断默默努力着，即使内心伤痕累累，也坚强倔强地坚持，不曾怂过，那些曾经的往事，会让你更加珍惜现如今你所拥有的。每个人身边都有那么几个朋友，你可曾失去过？可曾失去了曾一起欢笑一起说话的人？你们之前从没有不愉快的经历，可是就这样散了场；或是原本相爱的人最后没有幸福地在一起。人生总是在不断失去与得到之间徘徊，正因为如此，所以才更加珍惜现在所拥有的。

没有人会一直等你，等你学会了些什么，他们也就离开了你的世界，罢了，不再回头。

没有人会一直等你，你要善待你自己。

82 回望过去，
不要留下遗憾

有时我们会恨自己没有作为，羡慕着城市里那些丰衣足食的生活。却忘了生活的意义、生存的意义。

其实人怎么活，只要快乐就好，但，你不能。人有太多牵挂，不能只生活在自己的世界，只以自己为中心。有太多的事情，我们不懂得怎么做到最好。从小到大，我们大多身不由己。我们的航线，或许早已定好，以为终点和我们所期待的一样美好。而命运，却让我们在风雨里迷失了方向。

我们小时候的梦想，到现在还有多少人在坚持？在茫茫岁月里，有多少人失掉了初心。我们不想这样生活，却无能为力，我们心中的家从那儿搬到了这儿，又从这儿移到了那儿。每个人的心或许都有这样的不安定，波澜不惊又渐渐消失。

错过得太多，都无法弥补。今天有人在为昨天痛苦，明天又有人在为今天烦恼。有人一生都握着一个柠檬，明知道酸得入骨，却不肯放手。我们曾紧握的生活，却都一一放飞了。我们不能做什么弥补遗憾，但可以努力活好每个明天。

看似很累的一份工作，但在无形中锻炼了我们，培养了我们的沟通协调能力、理解分析能力。所以，不要后悔，即使再苦再累，也依然坚信，只要做好自己应该做的事，受苦也是享乐。之前的我们，回望过去，一片空白。现在的我们，眺望未来，如此光明。

83 全力以赴，
让自己无怨无悔

如果不曾焦虑于生活，如何知道含泪向前；如果不曾失去过，如何体会重新拥有的美好；如果不曾有过贫穷困顿的生活，如何知道珍惜当下的日子；如果不曾对自己有过玫瑰色的想象，如何在未来的某一天邂逅那个最好的自己。

我想全力以赴，让自己的人生无怨无悔；给曾经那些流过的泪、那些声嘶力竭的发泄、那些彷徨无助的日子一个隆重的致敬；给那些曾经的冷眼嘲笑、质疑不屑一个赤裸裸的反击。有那么一天，当蓦然回眸镜子里的自己，我可以淡然地一笑，原来这就是我最喜欢的模样。

一直认为自己从来不曾被幸运之神眷顾，所以我的人生从来没有过侥幸的心理，因为我知道那种侥幸到头来都会给我带来双倍的打击，输不起也不能够允许自己轻易地认输。

我倔强而又坚定地生活，只是为了某一天可以骄傲地告诉自己，原来我也可以。

应该说我是一个在心理上懂事很早的女孩，幼年时的学习环境让我之后十几年的人生一直像一座被上了发条的古钟，只有拼命地奔跑、付出比别人双倍的努力才能心安理得地得到自己想要的结果。有时很疲累，但我却不曾停下脚步。

幼儿园时，我常羡慕那些长得比较可爱漂亮的女孩，因为她们似乎只要撒撒娇就可以得到老师的关注，而当时的我又黑又胖，常常为了得到一句夸奖将老师教的汉字写满几页纸，然后屁颠屁颠地拿给老师去看……

　　小学一二年级的时候，学习成绩排班上倒数第二、第三，那时候班主任比较严格，动不动就喜欢动粗，拼命地揪女生的头发，打男生的耳光；在那个班级里，没有对与错之分，只有所谓的"优等生"与"差等生"。

　　不管你做错了什么事，成绩好就是一个明晃晃的通行证，保证你无论犯了什么错都可以得到特赦；因为你是所谓的差等生，所以你的人生无时无刻都是错误的。

　　因为学习学不进去，为了让老师留一个好印象，我把自己的字练到全班最好；我乖巧听话不惹事，文文静静地做一个近乎隐形的人，可是依旧逃不过臭名远扬的结局，"差等生"的"光荣"名誉在年级老师之间流传，好像每时每刻我的背后都有一只看不见的锋利的针尖刺着我。

　　上二年级的时候班级老师听闻我的名字都一脸的不屑，好像我有瘟疫，一不小心就会把病传染给她们。

　　直到有一天当着全班同学的面，她们从我头上毫不留情地泼下一壶冷水的时候；直到当着全班同学的面，我被无情地指责抄袭别人的试卷时，我的自尊心被赤裸裸地踩在了她们的脚下，她们云淡风轻，我却心如刀割。

　　那一刻我告诉自己，总有一天我要她们自己给自己一个响亮的巴掌。

　　我开始静下心去学习之前没有好好理解的知识，换了一个班级换了一个老师，成绩突飞猛进，一次又一次作为优秀代表上台发言；台下家长羡慕的目光，自己从容自信的微笑，当曾经嘲笑我的老师对着老妈说"这孩子挺优秀"的时候，我知道我拿回了被践踏的自尊心。

　　可是有时候我却很同情八九岁的自己，那正是一个孩子最贪玩的时候，最美好的童年时光，我却过早地体会了本不该属于那个年龄的辛酸苦楚。

以前听老妈说小时候我就比别的小朋友发育迟缓，其他的小孩一般一两岁就会走路了，甚至有的几个月就会走路；而我好几岁才学会，还总是跌跌撞撞的，走几步路就跌一个跟头，自己还笑嘻嘻地爬起来，继续走……

我开玩笑地说原来我骨子里就自带一股韧性呀，仿佛看见那个胖嘟嘟的小孩子扑腾几步跌了一个大跟头，接着又傻呵呵地站起来一直往前走。

前几天和一个姑娘聊了聊我们最难的时候，那些人生低谷的日子，后来听那位姑娘讲了很多很多，我竟然不知道原来她有过那样的曾经，虽然她表面嘻嘻哈哈的，但是内心却坚强如磐石一般。

她是她老爸老妈结婚五六年之后才生的一个孩子，因为承载了爸妈太多的期望，自然是家中的宝贝，事事都会很迁就她，后来她的弟弟出生了，老爸工作的时候身体又出了问题，做手术看病，家里欠下了一些债，经济不是很好。

上大学的时候，她每次和家里通话老妈都会在电话里抱怨家里的经济很困难，为了减轻家里的负担，她几乎每个星期都会出去做兼职，可是太多的负担压在她的身上，她开始觉得有些无力，为什么自己不可以像别人一样星期天好好地休息休息，反而要出来做兼职赚生活费。

支撑不下去的时候，她一个人悄悄地躲在食堂里哭泣，为什么自己的大学生活需要这么累，这么苦，为什么自己不能够享受这个年纪应该享受的东西。

有过歇斯底里的发泄，她对着电话那头的老妈愤怒地说："为什么你总是要向我抱怨，我知道你不容易，可是我也不容易，为了不给你们增添负担，在舍友都休息的时候我需要一个人四处奔波，养活自己，我还能怎么做，你为什么不替我想想呢？"

她说其实现在回过头想想做父母的和做儿女的都不容易，父母是第一次为人父母，儿女都是第一次做儿女，如果有不周到的地方，还希望彼此都多多包容。

听完她的故事，看着这个平时大大咧咧的女孩，渐渐地有些佩服她。其实每个人都有过人生的低谷，那些硬着头皮往前走的日子，那些一个人偷偷哭泣的日子，那些踩着荆棘却依旧昂首往前走的日子，想过妥协，想过认命。

可是我们有一种不甘的斗志，它时时拉扯着我们一路向前，摸爬滚打成为了那些日子中的人生常态。

有时候，我们会突然很害怕自己从来不曾用尽全力，我们害怕在最美好的时光，在本应该对生活抱有憧憬的年纪里，我们贪图安逸的生活，像小火炖青蛙一样把自己耗尽，我们害怕未来的日子里幡然醒悟自己本该好好奋斗却选择做一个逃跑的士兵……

我特别喜欢一句话："未曾哭过长夜的人，不足以语人生。"哭过、累过、抱怨过、歇斯底里过，你才会体会到那苦尽甘来的滋味。

如果不曾焦虑于生活，如何知道含泪向前；如果不曾失去过，如何体会重新拥有的美好；如果不曾有过贫穷困顿的生活，如何知道珍惜当下的日子；如果不曾对自己有过玫瑰色的想象，如何在未来的某一天邂逅那最好的自己。不要活着的时候像死了一样，死的时候才发现自己从来没活过。

84 走自己的路，
让别人说去吧

　　走自己的路，让别人说去吧，常常听见人们如此安慰自己。是的，对每个人来说，凡事都要有自己的主见，不要太在意别人的看法，如果一个人的行动完全取决于别人的看法，他就会失去自我，成为别人意愿的奴隶！

　　就像唐朝皇帝李世民，在没有登位时，与建成、元吉两兄弟同心协力助父亲推翻隋朝，为了天下黎民，建立了唐朝，让百姓过上安稳的日子。可是后来大局安定，却引起内患，由于世民功高盖世，太子李建成嫉妒并听信谗言，把世民逼向绝路。起初世民在意别人的看法，认为手足不能相残，一次次忍让，最终引发"玄武门之变"！

　　其实太子当初并无杀害世民之心，只不过太在意别人的话语，也担心自己失势，才逼秦王世民。而世民呢？却能及时醒悟，不在意别人的目光，做回自己，当上皇帝后，整治朝纲，做了个真正的明君，让唐朝走向鼎盛，更让天下黎民百姓过上幸福的生活！

　　其实，我们在面对双向或多项选择时，决定权永远在自己手中，也许有时候我们自己的选择并不是最好的，但这就是人生嘛！如果总因为他人改变自己，就会活得越来越没有自我，想要达到最终的目的，就不能放弃自己，放弃只会失去机会，生命也会失去意义！

　　不经历风雨，永远迎不来彩虹。只要发现自己擅长的领域，去努力，坚持，就一定会成功。没人可以阻碍你的人生，无论选择什么样的路，都要去迎合、融入与接纳。时间不会给我们悔恨、从头再来的机会，认清自己，无论是平凡还是有所成就，这都是自己选的方向，甘于走那条路，就遗忘另外一种生活，你才能真正快乐。

85 开挂的人生需要勇气

和熟悉的人待久了总以为了解他们的很多事情，开始觉得人与人之间的水平也差不多，并不存在谁的天赋会比谁高多少。看着大家忙碌的身影，取得了差不多的成绩，当然过着的也就是差不多的生活。

最近和同事去参加了一次活动，得以与两位专家交流。由于以前并未参加过类似活动，还以为专家都是专业从事某项研究的专职工作。经过短暂的交谈之后得知，原来他们都是另有真正的职业，参加类似的活动只是因为他们都具有某一领域的专业资格，作为专家参与进来。还得知同事里好几个都有会计师等类似的资格证，并且都是专家库的成员。当时真的有点小小的意外，周围是卧虎藏龙呀，真的有种真人不露相的感觉。法律职业资格考试作为最难的资格类考试之一，曾让多少考生绊倒在独木桥，成功跨越独木桥的考生具备了从事法律职业的资格，他们可能会成为法官，可能会成为检察官，也有可能成为律师。我的几位朋友都成功过关，现在他们都在法律职业上找到了自己的位置。

德智体美劳全面发展是我们一直被教育的目标，但真正能够做到全面发展的人应该不会太多。我们在工作、生活中，除了硬性的一些标准、指标外，"差不多"，应该是一种常态。差不多的一种态度，也造就了我们差不多的人生。作为个体，各方面差不多，可以理解为未发现自身的特长。还记得当初同学的一个小段子。在学校，我们都填过很多关于自我介绍的表格，有一次我们是寝室同学一起填的，有一栏上面写着"特长"，一个同学问另一个同学，你的特长是什么，同学也结合自身特点回答："我头发特长。"弄得当时寝室的同学一顿爆笑。

很多人周围都有朋友在不经意间开启了自己开挂的人生，有的会把此归结为运气，但有句歌词唱得好：三分天注定，七分靠打拼。互联网的发达，造就了网红经济，跨界被我们越来越多地提及，因为互联网给了每个人更加宽广的平台来展现自己。前不久看了一段小视频，视频的内容是学校的老师在教室里现场演唱眼下流行的各类歌曲，应了标题的一句话：不会唱歌都不好意思说自己是老师。真的没想到这些教各类课程的老师也能唱得像音乐老师那样好，还有一位老师能够将《卡路里》这首神曲用京剧的形式唱出来，也真是绝了。互联网的好处在于能够在网络世界向大家更加立体、全方位地展示自己，这给了许多怀揣梦想并且拥有一技之长的人展示的机会。但是只有那些有勇气突破自己的人才能把握住机会，在这个"舞台"上大放异彩。

86 人生难免孤独悲伤

在纷繁、浮躁、忙乱的世界里，工作竞争的压力、理想与现实的反差、人际关系的复杂、婚姻爱情的解体、天灾人祸的意外、恶病缠身的恐惧、离职退休的失落等负面影响，造成了我们内心不同程度的疲惫、焦虑、痛苦和绝望。这些消极情绪都隐藏于我们个体的灵魂深处，看不见，摸不着，别人没有你的经历和感受，无法帮助你驱除，唯有你自找出口，自行消化。于是，孤独就与我们结下了不解之缘，成了我们的朋友。

孤独是一把双刃剑，剑的天使可以帮助你走出迷茫，重新扬起人生拼搏的帆，甚至助你一臂之力，建立伟绩，创造奇迹。

剑的魔鬼则可以将你打入十八层地狱，万劫不复。荷兰天才画家凡·高短暂的一生，就印证了孤独双刃剑的锋利。

凡·高一生追随自己的本心画画，经常一个人游走在美丽的乡村田野，用丰富的想象力和坚强的意志，描绘出自然景物的色彩斑斓。他的作品个性鲜活，想象离奇，散发着一种无法超越，无法模仿的艺术魅力。孤独的天使助力于他的天赋，让他完成了人类历史上最伟大的油画《向日葵》。一年后，他倒在了自己的枪口下，孤独的恶魔，夺去了他年仅 37 岁的生命。

凡·高虽然也有兴趣和爱好，但终未能抗拒世俗的冷漠，未能承受孤独的压力，在绝望中选择了死亡。由此可见，孤独的双重性，决定了人不在孤独中醒悟，就在孤独中挫败。

孤独可以分为主动孤独和被动孤独。主动孤独者往往有自己的思想、主见、信念、定力。他们会适时脱离群体，寻找一个独处的空间，与自己的心灵交流，静静地品味自己，欣赏自己，从而把握自己。他们还能在突发事件的慌乱中，以自己的明智走出阴影，续写人生篇章。

被动孤独者往往焦虑、恐惧、自卑、钻牛角尖。他们没有明确的人生目标，没有信仰，没有兴趣爱好，不知道如何填补自己空虚的灵魂，不知道如何去开创自己的美好生活，终日迷失在暗淡无光的日子里。

年轻人的孤独，多来自于学业失利、工作无着落、情感纠葛等。刚步入社会，感觉一切都是那么的新奇、美好、阳光。可是，快节奏的时代把人推到了金钱、名利、地位的固有模式上竞争。人走着走着，自己都糊涂了，搞不清什么才是适合自己的生活方式，什么才是自己的人生目标和人生价值。这时候的迷茫孤独是正常的，你可以走进书的世界，多看些人生哲理的书和青春励志的书，静下心来思考，给自己的灵魂安个家。我们读书，不仅仅是读别人的故事，更重要的是收集书中的智慧火花，用于指引自己的人生方向，修炼自己的道德品行，活出真实的自己，而不是按别人设计的模具去铸造成别人的模样。

你还可以花些时间到户外的自然景区走走，既能放松心情，又能开阔眼界，没准儿某个景象还会触动你的灵光，让你发现自己的潜能，重新给自己的人生定位。你喜欢干的，能胜任的工作就是你的人生意义和价值所在。日常消费，能解决温饱问题，有个栖身之处就行了。请相信，只要你按照自己的才智执着努力，世界也会为你开路，让你的生命在承载磨难之后，收获丰盈的果实。

越长大很多事情我们越愿意隐藏，因为身上所承受的事物让我们越来越不敢想。

从来不觉得自己年轻，就可以继续将今天浪费过去，人一旦有了逃避的想法和拖延的症状就会变得麻木，对人生失去理想，对目标失去方向，所以认清自己该做什么，不如认清自己的年纪，因为只有年龄才会让你感受到时间的加速。

我不喜欢听别人说年轻就是资本，我觉得资本是每个人在一生当中都可以拥有的，年轻只是你有更多的时间去选择和尝试，去多体会几次失败，去感受人生最开始的新鲜感，而如果在年轻的时候一味地贪玩，去体验年轻的模样，未来的你其实不会那么难以想象。

现在的社会男女比例差距很大，很多年轻人在对待感情这一方面有着自己的见解，讲真的，我最近发现很多身边的年轻人对于婚姻的概念有些偏离，他们认为目前的离婚率比较高，所以追求幸福的指数已经明显下降，进而显现更多的是有些人宁愿一个人，有些人找不到合适的人。

而如今每个年轻人的压力都非常大，买房这一件事对很多认为人生还充满无限可能的人来说，他们愿意更加拼命地奋斗，愿意每天承受房贷的压力。父母只能成为我们一个坚强的后盾，我们已经无法再让父母去替我们承受这一切的压力，那些为人父母还在为孩子打拼将来的，让很多作为儿女的年轻人深感焦虑，我们这一代究竟是不是最悲催的我不知道，但是我们这一代有着打不倒的执着。

即使生活艰难，即使没有家人的陪伴，我们依旧坚持着自己的生活，就算时间一分一秒地流走，就算爱情舍不得也要分手，人生难免悲观，对于这个时代我们没有太多的话想说，我们没有时间抱怨，我们只能藏在心里。

87 站得更高，看得更远

自古以来，胜者为王，败者为寇，这也是我们研究学习历史的一条路径。后来的史书也往往由胜利者来书写，但无论是谁来书写，总会有一定的历史局限性，如果偏听偏信，难免会陷入信息孤岛。只有在同一问题上多角度看问题，才能更好地接近历史真相，更加完整地看世界。

世界第一高峰是珠穆朗玛峰，但可能有很多人不知道世界第二高峰是乔戈里峰。在我们多年的教育当中，我们往往只关注第一，第一之后的名次往往不会被人记住。赛马比赛第一名和第二名之间的间隔时间往往以秒计算，但第一名与第二名之间的奖金差距却是相当巨大。因为，第一名更容易被人记住。被誉为篮球之神的迈克尔·乔丹，在 20 世纪 90 年代带领芝加哥公牛队取得了 6 枚总冠军戒指，在巅峰时期，任何一支 NBA 球队都以击败公牛队为荣，足以证明当时公牛队实力的强大。有人甚至戏称，NBA 就是乔丹和其他球员的表演。NBA 是篮球的殿堂，任何时代都拥有一批才华出众的球员，他们各具特色，但他们都被同时代乔丹所取得的成就所掩盖，但这并不代表他们不优秀。

中华民族拥有 5000 多年灿烂的历史文化，历史书籍浩若繁星，为我们研究历史提供了丰富的历史资料。取得杰出成就的历史人物对于推动历史的进程发挥了重要的作用，在我们的历史教育中，会发现历史会给予政治人物、历代帝王等人物更多的关注，而且在一些历史典籍中，对于历史人物有很多神话的记载，我们在接受历史教育时，老师对于历史也是更多地从宏观、相对笼统的描述来教授我们历史知识。《剑桥中国史》尽管也是以我国的历史典籍作为研究资料，但以更多的历史数据、图表、史料援引等为我们学习灿烂的中国历史打开了另外一个角度。对于学习的方法，也许应该多种多样，最终以怎样取得更好的效果，取得更好的研究成绩作为一个标准。从多角度看问题能够让我们看得更深、看得更广、格局更大。

现代社会，分工越来越细，而且随着 AI 的发展，很多重复、纯体力的劳动将会被取代。对于专业，要强调更加精细，深耕于某一细分领域保持优势，但对于思维，我想应该要更多地跨界，学会从不同维度思考问题，再反过来耕织于自己的专业。还记得20 世纪 90 年代的时候，很多成绩一般的同学进入了技校学习各种操作技能，而成绩优秀的同学进入大学进行更进一步的专业理论学习。在几年后的就业市场上，优秀的技术工人和名牌大学的大学生受到用人单位的青睐，但同是人才，优点和缺点都同样突出。既懂技术又懂理论的复合型人才也更加受到用人单位的青睐，因为从理论和实践两个角度的融合能够让个人和企业走得更远。

88 每个人拥有的时间都是公平的

从网上看到过一个周一到周日的表情包，从周一的低沉到周五、周六的欢呼雀跃，再到周日的无精打采，真实地反映了职场小白的工作状态。每个小白从周一开始都期盼着周六的到来，因为可以做自己想做的事，可以娱乐、追剧、睡到自然醒，也可以学习、旅游、提升自己。但要看到很多声称无聊的、无所事事的人大把挥霍时间的同时，仍有很多人过着忙碌的人生，不停感叹时间不够用。

互联网带给我们更多的便捷，但现在要毁掉一个人，据说只需要三件东西：网络、手机、外卖。用手机网络打开的立体空间向我们呈现了前所未有的精彩世界，有人和我们一起哭、一起笑，当我们饿了的时候又有外卖小哥准时为我们送来我们喜欢的食物。我们得以在虚拟的世界中停留，等到我们从虚拟世界中回到现实，依然还是那个孤独的自我。

短视频被称为时间杀手，一个视频时间不长可能就十几、二十秒，也给刷视频的人带来了短暂的欢乐，让我们沉迷其中。玩过的朋友，应该会有这样一种感受，短视频一个接一个仿佛停不下来，一眨眼时间过去好几个小时，又到了凌晨，关掉手机却怎么也睡不着，视频中精彩的内容在头脑中回荡，于是，晚上睡不着，白天醒不了，失眠就这样困扰着我们。

互联网时代，注意力越来越成为一种重要的资源，当我们沉迷于碎片的、短暂的快乐，越发感叹难以集中精力的同时，也就渐渐失去独立、深度思考的能力。但也有另外一部分人，他们会利用周末的闲暇时光，阅读、旅游、陪伴家人等等，做一些自己喜欢并且有益健康的事情。在体育馆，经常见到一些小朋友周五放学就会过来学习打羽毛球，而且周六、周日都会来打球，最初可能是家长的督促，但慢慢地小朋友养成了锻炼的习惯，自己也乐在其中。享受着运动带来的乐趣。

最近，利用周末的时间去修理了一下汽车。师傅是一名健谈、豁达的男子，因为是自家开的小修理店，自然是满身油污，也不会有汽车 4S 店工作人员那般整洁。店小所以车只能停在过道上修理，最近气温上升很快，太阳下的暴晒已经使人不适，车身的温度也很高。师傅在修某些部件的时候只能蜷缩着身体，同时还要忍受高温带来的不适。随口问了句，到夏天温度更高，车身温度更高，怎么办？师傅一边维修着，一边答道：有什么办法，学着这门手艺，再热也得忍着。还说着，我这都是小活儿，店里还有两部发动机要修，太忙，就是没时间。一下午的工夫，师傅的手机隔一段时间就会响起，仿佛又有活儿干，但他大多回复太忙，没时间，怕有些也干不完。

时间在有些人眼里是用来消磨的，但在有些人眼里却是稀缺的，希望能够给他们每天多一秒或者更多，但时间是公平的，每个人都一样。有些人浪费了，有些人却用它书写了自己精彩的人生。

89 生活不要过于追求完美

我们每个生命都会有所欠缺，所以不必做太多的比较，每一种生活都有它的乐趣存在，我们不必完全统一。只能用心地接受，也去享受过程的美好，因为，我们尚能拥有生命。人生不必太圆满，有个缺口其实也是挺美的。人不必拥有全部的东西。当苦难来临时我们会显得更加从容不迫，能更坦然地体会到生命的美好。

有的人有美貌却得不到幸福，有的人有钱却失去了亲情和爱情，有的人有了智慧却失去了快乐，有的人得到了梦想却没有了健康。而我们在寻找生活的答案中黯然落泪。那些拥有荣誉的人却总说自己活得很累。我们每天都看到悲剧在发生，尤其是天灾人祸，谁能预料自己的下一分钟会发生什么？有的人在为了离婚而痛苦，有的人却在为不能离婚而痛苦。我们的生命在一次次长途跋涉中寻找，寻找的脚步如此匆匆，无论是日出的清晨还是日落黄昏，我们都在追逐着时间的脚步，匆匆的步履在绊倒时还是深深地叹息。遗憾是人的影子没有一刻远离身体，我们在寻觅的路上找不到答案，却在无数次的思索中留下了遗憾。或许，生命的存在便是为了寻找答案，谁都忽略了人生过程。走着，是一种过程。如同梦过的，在醒来的清晨找不到痕迹。

爱情如此，婚姻也如此，人生亦如此，不可能十全十美，也许这就是所谓的"天妒红颜"吧？人间真正完美的东西很少，人有时不得不面临选择的痛苦。人生不必追求完美，但是不等于不去珍惜，我们努力的目的是珍惜所拥有的，使自己的人生少些失去和悔恨。

人的一生其实和世上万事万物一样，绝对的完美是不可能的，适当容纳一些不足，人生反而更真实，更美好。丰富多彩的世界是由无数种物质构成的。平静的湖水养不了鲜活的鱼，腐臭的肥料养着美丽的花，山珍海味不见得比五谷杂粮更利于健康。

吃过黄连，方知甘蔗的甜；感受过风寒，才知道阳光的温暖；遭遇过挫折，才感到人生的美好。不要用最甜最美来要求生活，喜怒哀乐才是五彩缤纷的世界，酸甜苦辣才是多姿多彩的生活。

平静的湖水，投入一颗石子，便有生动的涟绮，蔚蓝的天空，飞过一行大雁，便有深邃的意境，我们平淡的人生，需要一点波折，才会产生活力。在人生中，有一点点苦，有一点点甜，有一点点希望，也有一点点无奈，生活会更生动，更美满，更韵味悠长。

我们的世界并不完美，我们的人生也是由无数的困苦组成的。物竞天择，未必强者生存。在这个讲究包装的社会里，每个生命都有欠缺，我们只有不断地调整自己的心态，不断改变自己，完善自己才能生存下去。一个生命是多么的渺小，即使消失了，地球也照样转动，我们只能珍惜生存的权利，而不必追求所谓的人生完美。

生活必须是阳光和阴影的结合。云用自己的阴影遮住太阳，地球也用自己的阴影来保护另一方的人。如果没有了阴影，永远都是烈日，那么阳光还会那么美好吗？万物不完美，人生更不完美。